LE

BON CONSEILLER

DES CULTIVATEURS

DIJON

IMPRIMERIE LOIREAU-FEUCHOT

Place Saint-Jean, 1 et 3.

LE
BON CONSEILLER

DES CULTIVATEURS

ou

INSTRUCTION PRATIQUE

sur les quatre principaux points

DE L'AGRICULTURE

PAR M. RIVIÈRE

« L'expérience est la meilleure de toutes les
leçons en fait de culture. »

(Chomel.)

PARIS

LIBRAIRIE CENTRALE D'AGRICULTURE ET DE JARDINAGE
Quai des Grands-Augustins, 41
— Auguste GOIN, éditeur —
1856

AVANT-PROPOS.

Je n'ai pas la prétention de publier une œuvre scientifique : cette tâche appartient aux hommes d'étude dont l'esprit se complaît le plus souvent dans les hautes régions de l'abstraction.

Je n'ai pas non plus l'intention d'entrer dans les nombreux détails de l'agriculture : on les trouve exposés ou répétés dans une multitude de livres.

Je veux seulement expliquer un certain nombre de faits et de procédés qui m'ont été révélés ou suggérés par une pratique de plus de vingt-cinq années, en les exposant dans l'ordre qui m'a paru le plus méthodique, et sous une forme simple et destinée à en faciliter l'intelligence à une classe d'hommes qui n'a pas toujours soit le temps, soit la capacité, pour consulter ou comprendre des ouvrages plus étendus ou plus abstraits.

J'ai pensé qu'on ne lirait peut-être pas sans intérêt plusieurs observations ou combinaisons dont l'application élargirait, à mon sens, les sources de la production.

Il m'a semblé que le moment était favorable pour cette publication.

Aujourd'hui, en effet, bien des efforts ont lieu dans le but d'obtenir du sol les plus grands produits. Le gouvernement les encourage. Tout récemment encore, le chef de l'Etat allouait sur sa cassette les fonds nécessaires pour les premiers essais d'un enseignement pratique d'agriculture dans les écoles normales primaires (1).

(1) Voyez le rapport de M. le ministre de l'instruction publique en date du 15 mars 1856.

Enfin, cette branche des connaissances est l'objet de l'une des plus constantes préoccupations de notre époque.

J'apporte mon très-humble et très-faible tribut pour une œuvre vraiment *humanitaire*, avec une sincère conviction et le plus grand désir d'être utile à mon pays.

RIVIÈRE.

25 juin 1856.

LE
BON CONSEILLER
DES CULTIVATEURS.

CONSIDÉRATIONS GÉNÉRALES ET PRÉLIMINAIRES.

Cause de la baisse du prix des propriétés. — Incurie
des propriétaires. — Autre cause d'appauvrissement de la propriété. — Réflexions sur les moyens
d'accroître la production. — Avantages d'une
bonne culture. — Objet de l'ouvrage.

On se demande souvent pourquoi la
propriété rurale, après tant de pénibles
travaux, ne produit guère que deux ou
trois pour cent de revenu. Voici une réponse à cette question : Le commerce des
propriétés, qui a commencé il y a environ
quarante ans, et qui en a démembré un si
grand nombre en France, a fait doubler
le prix des terres. Mais cette hausse, pro-
duite par le nombre et la concurrence des
acheteurs, ne pouvait avoir pour résultat

de faire doubler le revenu. La baisse que l'on constate aujourd'hui dans le revenu n'existe donc qu'en raison et par suite de la hausse du prix principal d'acquisition. Si, par exemple, une propriété que l'on achète 100,000 fr. ne se payait, comme autrefois, que 50,000 fr., son revenu serait de cinq pour cent, tandis qu'il n'est que de deux et demi pour cent.

Si le morcellement des propriétés a procuré quelques avantages, notamment parce que les terres ont un peu plus produit et parce que les acheteurs, ou quelques-uns, se sont enrichis, d'un autre côté ceux qui ont acquis se sont imposé des charges qui pèsent encore sur eux et qu'ils transmettront à leurs enfants. Ceux-ci préféreraient bien souvent recevoir en héritage une moins grande étendue de terres et être exonérés de ces ruineuses obligations.

Aussi, cette envie d'acquérir, de devenir petit propriétaire, s'est passée ; l'enthousiasme n'existe plus. Ceux-là mêmes qui n'ont encore rien acheté sont retenus par la crainte que leur inspirent les exemples qu'ils ont sous les yeux. Les marchands de biens ont disparu. Ils ne trouvent plus parmi les habitants des campagnes que de rares acheteurs, et seulement ceux qui ont quelque argent à placer. On ne veut plus d'un revenu de trois pour cent. Les capitaux abandonnent la terre et refluent vers l'industrie commerciale ou manufacturière.

Qu'on ne cherche pas une meilleure explication du peu d'importance du revenu et de la baisse du prix de la propriété foncière. Les autres causes que certains publicistes énumèrent sont secondaires ou éloignées et ne sauraient, toutes ensemble, être mises en balance avec celles que nous venons d'indiquer.

Il est un fait qu'il n'est pas non plus inutile de constater ici : nous voulons parler de l'incurie de la plupart de ceux qui possèdent la propriété rurale.

En général, un grand propriétaire voit rarement sa propriété. N'a-t-il pas le plus souvent un régisseur ?... Il lui suffit que sa terre soit toujours à la même place et lui offre la même surface ou les mêmes apparences. Qu'il sache qu'il a une sûreté pour le paiement de deux ou trois années de fermages, il s'en contente.

Le fermier se ruine, en s'épuisant à la

culture d'une grande étendue de terrain qu'il ne peut traiter convenablement, faute de posséder le capital nécessaire et le savoir-faire ou l'intelligence. Ce fermier n'épargne aucune terre. Bonnes ou mauvaises, il les remue toutes. C'est ainsi qu'il croit se tirer d'affaire. Mais il perd son temps et dissipe les ressources qu'il peut avoir et dont il eût tiré bien meilleur parti en négligeant une certaine quantité de mauvaises terres.

Dès que le fermier s'aperçoit du déficit et de son mécompte, dont il ne connaît pas la cause, le découragement arrive; il n'agit plus avec soin, avec ordre; il travaille sans énergie, comme un homme enfin qui n'a devant les yeux que la perspective d'un insuccès. Alors il soutire de la propriété tout ce qu'il peut. Il l'épuise, loin de l'améliorer, et à la troisième ou quatrième année du bail il est expulsé, exproprié, ruiné. Un autre vient prendre sa place. Le même sort l'attend.

Pendant ces successions de fermiers, l'épuisement de la propriété continue. Si le propriétaire se décide à vendre son immeuble, les acheteurs qui se présentent sont bientôt instruits du triste état dans lequel il se trouve, et cette propriété, qui, avant toute amodiation, eût pu se vendre 100,000 fr. par exemple, trouve à peine un amateur pour 50,000 fr.

Voilà le résultat du faux calcul ou plutôt de l'absence de calcul de ce propriétaire qui, au lieu de donner quelque attention à sa propriété, s'est contenté de savoir qu'il avait une sûreté de quelques mille francs de fermages. Il perd la moitié de son domaine !

Signalons encore une autre cause d'appauvrissement de la propriété.

Souvent le propriétaire, au lieu d'amodier sa propriété à un seul fermier, pense qu'il lui est plus avantageux de l'affermer en détail.

Plusieurs petits propriétaires du pays prennent à titre de bail chacun une partie de cette propriété, ce qui procure au bailleur un prix total d'amodiation un peu plus élevé que celui qu'il aurait obtenu d'un seul fermier.

Les fonds qui appartiennent à ces divers locataires partiels reçoivent tous ou presque tous les engrais provenant des terres de la ferme. Qu'arrive-t-il? Les fonds de ces petits propriétaires fermiers sont, il est vrai, plus améliorés que ceux de la popriété amodiée. Mais, d'un côté, la spéculation est mauvaise même pour eux, car on verra dans le cours de cet ouvrage que c'est une erreur de croire qu'il y a avantage à cultiver la plus grande étendue de terrain, et il sera démontré qu'il vaut beaucoup mieux réserver ses engrais pour une moindre étendue. D'un autre côté, le bailleur éprouve une perte bien plus considérable, puisque les terres de son domaine se trouvent épuisées, tandis que celles des fermiers partiels se sont quelque peu bonifiées.

Si ce propriétaire bailleur met en vente sa propriété, on ne lui en offrira peut-être pas la moitié du prix qu'il eût obtenu auparavant. Il aura bien tiré un prix de fermage un peu plus élevé que celui qui lui aurait été consenti par un fermier unique; mais n'éprouve-t-il pas un préjudice certain, immense? Pourra-t-il même se prévaloir, vis-à-vis des acquéreurs bien renseignés sur l'état d'épuisement de sa propriété, du haut prix de fermage donné par les fermiers partiels, pour élever celui de la vente? Non, certainement. Quel pitoyable calcul!

Un propriétaire mieux conseillé sur ses intérêts s'appliquerait à choisir lui-même un fermier un peu industrieux et ayant une bonne gouverne. Il l'aiderait par quelques avances. Il trouverait dans de bonnes récoltes toutes les sûretés suffisantes pour le remboursement de ces avances et le paiement des fermages, sans qu'il soit besoin de se faire donner par le fermier des hypothèques sur deux ou trois misérables fonds dont il faut presque toujours poursuivre l'expropriation. Il lui consentirait un bail de dix-huit ans, pour que le fermier ait la certitude de trouver dans cette durée la rémunération de son travail et de son intelligence. Le prix des six premières années serait inférieur à celui des années suivantes, et on ferait une compensation en élevant proportionnellement celui des six dernières ; car les premières sont les plus ingrates, et les dernières les plus généreuses. En un mot, l'intérêt du propriétaire est intimement lié à celui du fermier. Le gain du fermier fait celui du propriétaire ; l'un et l'autre profiteraient des combinaisons que nous venons d'énoncer.

On se préoccupe depuis longtemps des

moyens de faire progresser l'agriculture, d'accroître la production. De louables efforts ont eu lieu et se renouvellent chaque jour. Nous applaudissons aux institutions modernes qui, en venant au secours de l'industrie agricole, sont de nature à lui imprimer une certaine impulsion. Nous applaudissons encore aux investigations et aux découvertes de la science, dont l'influence sur les progrès de l'agriculture n'est point douteuse. Honneur aussi aux sociétés d'agriculture, dont les travaux sont souvent précieux ! Nous aimons également à voir ces encouragements donnés aux cultivateurs par les primes accordées à ceux qui produisent le plus beau bétail, les instruments aratoires les plus parfaits, la plante la plus utile, la fleur la plus belle. Mais toutes ces influences sont lentes et souvent assez indirectes. On n'a guère jusqu'à ce jour trouvé que de faibles moyens d'une plus grande production des denrées de première nécessité. C'est qu'en effet ces moyens ne peuvent être indiqués que par de nombreux essais faits avec discernement et persévérance pendant un grand nombre d'années. Aucun raisonnement, aucune étude ne peuvent suppléer à certaines combinaisons qui doivent varier à l'infini, selon la qualité, la nature, la situation du sol, les circonstances et les objets qui l'environnent, les produits dont il est susceptible, sa conformation, la température, etc.

D'un autre côté, nous regrettons de rencontrer trop rarement dans les auteurs les plus accrédités et ailleurs ces combinaisons d'économie de main-d'œuvre et de dépenses qui seules permettent d'arriver à des résultats fructueux.

Aussi, nous sommes intimement convaincu que les quelques progrès faits dans la culture des terres depuis un certain temps viennent surtout de la nécessité qui a forcé l'intelligence de l'homme à chercher, à imaginer tous les procédés possibles pour obtenir de la terre de plus grands produits. Depuis que les propriétés ont été morcelées, le besoin a donné de l'industrie à tous ces petits propriétaires qui avaient acheté à crédit et qui étaient obligés de trouver des sommes pour payer leurs acquisitions.

Mais ce qui reste de progrès à réaliser, de besoins à satisfaire, tout le monde le pressent, le dit, le répète. Une savante

académie proposait dernièrement de re-
chercher la cause des émigrations des habitants des campagnes vers les grands cen-
tres de population. Ces émigrations ont
pour cause principale la triste situation
dans laquelle se trouvent non-seulement
de simples manouvriers, mais, en aussi
grand nombre, des familles entières de
petits et moyens propriétaires fonciers :
la plupart de ces propriétaires ont acheté
leurs propriétés à des prix très-élevés,
comme nous l'avons remarqué plus haut;
ceux qui ont soldé le prix de leurs acquisitions n'ont pu, en raison de l'insuffi-
sance du revenu, se libérer qu'en con-
tractant des emprunts. On sait quelles
sont les charges hypothécaires qui pèsent
sur la propriété. Nous nous rappelons
avoir lu dans une statistique que le dépar-
tement de Saône-et-Loire, l'un des plus
riches en sol, était grevé de 550 millions;
que celui du Nord l'était à peu près de
pareille somme.

La propriété foncière peut-elle se libérer facilement de toutes ces dettes, si l'intérêt de l'argent que les propriétaires em-
pruntent excède le revenu? L'institution
de la Société du crédit foncier elle-même,

malgré les immenses avantages qu'elle est appelée à procurer, serait loin d'atteindre les résultats qu'on peut en attendre, tant que le revenu de la propriété sera bien inférieur à l'intérêt annuel.

La solution du problème ne sera complète que par suite de l'augmentation même du revenu. Comment arriver à ce précieux résultat ? C'est précisément ce que cet ouvrage a pour but de démontrer.

La terre renferme d'immenses trésors dans son sein. Combien de gens poursuivent une ombre de fortune quand la réalité est là ! *O fortunatos nimium sua si bona...!*

Si les grands propriétaires étaient, comme nous, convaincus de cette vérité ; s'ils avaient quelque confiance dans nos observations, il leur serait bien facile de se créer des jouissances d'un nouveau genre : en surveillant un peu leurs intérêts, tout en augmentant leurs revenus, ils feraient des heureux et s'assureraient l'amitié des fermiers, qui le plus souvent aujourd'hui maudissent et le propriétaire et la propriété. On ne verrait plus, comme on le voit si fréquemment de nos jours, les enfants de fermiers, désespérés par la pénurie de la maison, abandonner le toit paternel dès l'âge de quinze ou seize ans, pour se rendre dans les villes où tant de déceptions les attendent, où ils contractent de si funestes habitudes. Ne serait-il pas vraiment glorieux pour un propriétaire, tout en voyant accroître sa fortune, de favoriser ainsi les mœurs, le resserrement des liens de famille, et de concourir, par une plus grande production, au bien-être de la société? Nous le disons avec la plus intime conviction : le premier qui entrera résolument dans la voie que nous tracerons aura l'approbation de tous et ne tardera pas à trouver des imitateurs.

Nous nous arrêtons ici, car nous avons hâte d'indiquer l'objet de ce livre. Or, nous disons qu'il y a en agriculture quatre points principaux à observer et à mettre rigoureusement en pratique si l'on veut arriver à une plus grande production que celle qu'on a obtenue jusqu'à ce jour. Ces quatre points, nous les résumons par les quatre mots suivants :

DÉFONCER.	ASSAINIR.
FUMER.	RESTREINDRE.

Que le lecteur veuille bien les graver dans son esprit ; il en comprendra facilement le sens et la portée quand il aura pris la peine de lire les observations qui suivent.

A ces quatre points nous ajoutons : *Faire le plus avec le moins.* Tout cela deviendra plus tard intelligible.

Toutefois, nous ne nous occuperons que de la production que nous considérons comme la plus importante de toutes, c'est-à-dire de celle des denrées qui sont le plus nécessaires à la consommation et qui forment la plus grande partie du revenu des propriétés rurales.

CHAPITRE PREMIER.

Nécessité de défoncer et de fumer.

Apprenez, ò mortels ! qu'un sol pauvre et sterile
Devient en un moment un sol riche et fertile.
(SAINT-LAMBERT, poëme des *Saisons.*)

En défonçant et en fumant, on peut convertir une mauvaise terre en un fonds de première qualité. Il y a longtemps déjà que Patullo, dans son *Essai sur l'amélioration des terres*, a dit que les plus mauvaises terres, les plus méchantes bruyères et les landes les plus stériles pouvaient, au moyen d'engrais abondants et de bons labours, être mises en état de produire autant et plus que les meilleurs terrains. Pour quels motifs cette importante vérité est-elle donc jusqu'à ce jour restée dans l'oubli et n'a-t-elle reçu pour ainsi dire aucune application ? Voici cependant un exemple dont j'ai eu personnellement connaissance :

M. Belzévry, homme entreprenant et connaissant bien la culture, amodia, moyennant 6,000 fr., une ferme dans une commune située entre Montbrison et Feurs. Le sol de cette propriété était en général composé d'argile dessous et de sable lavé dessus. Il le fit défoncer, et au premier ou au second coup de charrue il pénétra à 33 centimètres de profondeur.

Il continua les labours l'année suivante; ce ne fut qu'en automne et lorsque le sable fut bien mêlé à l'argile qu'il ensemença, après avoir porté dans les fonds toute la quantité de fumier qu'il put se procurer. Tous les habitants du pays prétendaient qu'il allait se ruiner; ils disaient qu'il avait perdu les fonds en amenant dessus la mauvaise terre de dessous.

M. Belzévry mourut au printemps et dans l'année où il devait faire la récolte pour laquelle il avait sacrifié deux ans de labours, employé beaucoup d'engrais, et fait une grande dépense en bétail, ustensiles aratoires, etc.

Le propriétaire du domaine, cherchant un autre fermier à qui il voulait bien évidemment imposer l'obligation de payer le prix de la récolte pendante, eut grande peine à en trouver un. Cependant, un individu plus avisé que les autres consentit à donner 6,000 fr. de fermage, et se décida, après beaucoup d'hésitations, à souscrire à la condition de payer le prix de la récolte pendante et laissée par M. Belzévry dans ces terres qu'il avait, disait-on, complètement détériorées.

Eh bien! après la récolte faite et le propriétaire payé, ce nouveau fermier se trouva avoir un bénéfice net de 15,000 fr. environ.

Instruit par ce merveilleux résultat, voici une expérience que je fis dans une terre de dernière qualité et dans laquelle on ne semait du seigle que tous les six ans. Cette terre ne rendait guère que le double ou le triple de la semence. Elle était composée également d'argile blanche dessous et de sable lavé dessus ; elle avait bien peu de pente. Je commençai par l'assainir par les procédés que j'indiquerai dans le cours de ce livre. Je lui donnai un premier coup de charrue profond, puis un second de 35 centimètres de profondeur, puis enfin un troisième labour moins profond à la fin de l'année, et sans lui confier aucune semence. Je savais que, tant que l'argile n'est pas fusée, elle forme une croûte qui couvre la semence et l'empêche de lever. Je savais aussi qu'au quatrième labour fait au printemps de la seconde année, l'argile et le sable se trouvant déjà mélangés, la terre commencerait à être facile à labourer, et serait plus facile encore aux labours suivants qui, du reste, n'ont plus besoin de profondeur. Au troisième et dernier labour, je mis seize voitures de fumier par 34 ares ; j'ensemençai en blé, et j'obtins 62 doubles-décalitres par journal, avec une énorme quantité de paille qui paya presque le fumier.

Il est inutile de dire que les récoltes des années suivantes furent également abondantes, bien que cette terre rapportât tous les ans, en la traitant de la manière que nous indiquerons plus tard.

Au lieu de déposer, ainsi que nous l'avons fait, seize voitures de fumier par 34 ares en une seule mise, afin de changer la nature du sol, on pourrait ne mettre que la moitié de cette quantité chaque année et pendant deux ans, pourvu que ce soit consécutivement et que la terre rapporte. Si on laissait une année d'intervalle pour la seconde mise de fumier, ou si la terre se reposait, le but serait manqué.

Nous ferons encore observer que s'il était possible de se procurer assez de bras, il vaudrait bien mieux pour la première culture, qui exige 33 centimètres de profondeur, se servir de la bêche, parce que cet instrument retourne parfaitement la superficie de la terre, tandis que le déversoir de la charrue forme seulement un ruban ou gazon qu'il place sur le côté et permet ainsi aux herbes de se reproduire. La bêche les enfouit aussi plus profondément (1).

____

(1) Si on se sert de la bêche, on doit adopter la forme et le poids des nôtres, qui pèsent moitié moins que les bêches ordinaires. Le poids fatigue l'ouvrier et retarde

Mais dans une grande étendue de terres on hésitera à se servir de la bêche, en raison de la dépense qu'elle occasionne. Voici le moyen d'éviter la plus forte partie de cette dépense, tout en obtenant le même résultat qu'en se servant uniquement de la bêche :

On prend une charrue à la Dombasle sans avant-train, attelée de deux bœufs seulement. Quatre hommes, munis chacun d'une bêche, se partagent la raie par portions égales. A mesure que la charrue laboure à 16 centimètres de profondeur, chaque ouvrier bêche le fond de la raie à 16 ou 18 centimètres au-delà de la profondeur de la charrue, en jetant la terre au bord du sillon, sans précaution et sans avoir besoin de curer le fond de la raie. Cela se fait pour ainsi dire en marchant.

Pendant que les hommes finissent cette raie, la charrue recommence à l'autre rive du sillon, et les ouvriers viennent faire dans cette nouvelle raie le même travail que dans la première.

l'ouvrage. Les ouvriers ne doivent prendre que 5 centimètres d'épaisseur devant la bêche : c'est le moyen d'accélérer et d'éviter la fatigue.

Ce n'est que dans la première raie de chaque rive que les bœufs éprouvent un peu de peine, car, pour les autres, la bêche ayant pénétré à 16 ou 18 centimètres au-dessous du point laissé intact par la charrue, il arrive que la terre non cultivée qui se trouve à gauche ou à l'opposé du déversoir est plus facile à entamer et à renverser dans le fond de la raie. Elle n'est plus soudée au massif que d'un seul côté.

Si on est dans un champ où les pierres fassent obstacle à l'emploi de la bêche, on peut se servir de la pioche ; mais alors il faudrait six hommes : trois défonceraient au moyen de cet instrument, en suivant la charrue, comme nous l'avons dit plus haut, et chacun des trois autres lèverait la terre avec la pelle après chaque piocheur. Mais on conçoit que ce travail nécessiterait un peu plus de dépense, quoiqu'il soit plus économique que celui qui se ferait au moyen de la bêche seulement.

Maintenant que nous avons donné ces explications, voyons quels sont les avantages qui résultent de l'amélioration d'une mauvaise terre par les procédés que nous venons d'indiquer.

Supposons que l'on prenne un journal

de terre d'une qualité semblable à celle que j'ai moi-même convertie en bonne nature, ainsi que je l'ai dit ci-dessus. Cette terre ne se laboure que tous les six ans, et produit en seigle (car le blé n'y viendrait pas) à peine le double ou le triple de la semence. Un semblable journal, dans cet état, ne peut guère s'estimer que 150 fr., prix moyen, ci . . 150 fr.

Supposons que ce journal ait besoin d'être assaini par le procédé que j'indiquerai, et qui occasionnerait une dépense de 40 fr., ci. 40

Ajoutons le prix d'une première culture, à 33 centimètres de profondeur, faite par une charrue de deux bœufs et par quatre hommes, soit environ, 22 fr., ci. . 22

Puis, 16 voitures de fumier à 4 fr. l'une, ci. 64

Total. . . . . 276 fr.

Voilà quelle est la dépense et du prix d'acquisition de 34 ares de terre, et des travaux et des engrais destinés à en changer la nature.

Or, outre l'immense quantité de paille

que l'on recueillera et qui indemnisera ou à peu près de la dépense faite pour le fumier, on peut obtenir de ces 34 ares 60 doubles-décalitres de blé, qui, à 4 fr. l'un, feraient une somme de 240 fr. pour la première récolte. Les suivantes ne seront pas moins abondantes, sans autre dépense que celle que l'on fait ordinairement.

D'un autre côté, 34 ares de terre mis en cet état valent au moins 1,000 fr.

D'après cela, comment se fait-il donc que l'on préfère acheter les meilleures terres à un prix si élevé, quand moyennant le quart environ de ce prix on peut en obtenir de semblables par les moyens que nous venons de faire connaître? Mais sait-on toujours bien calculer?... Au lieu de 100,000 fr. nécessaires pour l'acquisition d'un domaine dont les terres sont ou passent du moins pour être de première qualité, ne vaudrait-il pas mieux, si on voulait bien compter, ne dépenser que le quart environ de cette somme et se procurer une propriété de pareilles contenance et qualité? La différence n'est-elle pas assez grande pour prendre la peine des embarras d'une amélioration?

Mais est-il bien certain que la terre

dont on a ainsi changé la nature ne reviendra pas ensuite à son état primitif? Non, elle ne sera jamais ce qu'elle était; elle conservera à toujours sa nouvelle nature, en y mettant les soins que l'on donne aux bonnes terres en général. Ce n'est pas par des démonstrations scientifiques, mais encore par un exemple, que nous allons prouver cette vérité.

On dit proverbialement que les *terres fumées par la fumée des cheminées sont toujours les meilleures*. Ce fait est vrai : non pas, bien évidemment, que la fumée amende ou engraisse le terrain, mais parce que, dès l'origine des villages ou villes, on a préféré ces terres qui étaient à la proximité des demeures, et une fois que la nature en a été changée par les travaux et les engrais, elles sont restées dans l'état où elles sont aujourd'hui.

J'ai vu un clos qui avait été la chenevière de la maison; la terre en était noirâtre, légère, ameublie, ayant au moins 33 centimètres de profondeur en culture et très-facile à labourer.

Cette terre produisait sans fumier depuis 15 ans. La plaine, dont elle n'était séparée que par une haie vive de 50 centimètres d'épaisseur, et qui n'avait point été dénaturée comme la chenevière par les travaux et les engrais, était d'un bout à l'autre jaune, grasse, froide, gardant l'eau, et labourée à trois pouces de profondeur environ. Le propriétaire du clos, avec lequel je parlai quelques instants, me dit que 34 ares dans la plaine valaient à peine 300 fr., et que si 34 ares de qualité pareille à celle de son clos existaient au milieu de cette plaine, ils vaudraient 1,500 fr.; qu'il n'hésiterait pas à en donner cette somme. On peut rencontrer cet exemple dans tous les pays.

Quand reconnaîtra-t-on enfin qu'il est possible et très-facile de convertir une mauvaise terre en une terre de première qualité par de profonds labours et des engrais abondants?

Sans doute, on peut obtenir des récoltes passables en fumant les terres de temps en temps au moyen de petites quantités d'engrais. Mais on ne parviendra jamais à donner à un fonds la qualité d'un terrain de chenevière que par une forte mise de fumier, qui sera peut-être moins coûteuse que les différentes mises au moyen desquelles on fume ordinairement. C'est là une vérité basée sur l'expérience, qu'il est facile de constater, et dont il serait bien à désirer que tous les cultivateurs fussent convaincus.

CHAPITRE II.

Engrais et amendements.

La matière qui fait l'objet de ce chapitre se relie à celle du chapitre précédent par les rapports les plus intimes. Tout le monde dit et répète que le fumier est le grand ressort de l'agriculture; mais personne n'est aussi convaincu que nous de cette vérité, car elle n'est nulle part mise en pratique, comme on le ferait, si on avait sur ce point notre conviction.

Rien n'est plus précieux que les engrais pour la culture; nous ne saurions trop le dire et le répéter. Mais il n'y a, selon nous, que les fumiers ordinaires qui soient vraiment profitables, à la condition de les traiter comme il convient, et avec le plus grand soin, ainsi que nous l'indiquerons.

Il faut éviter ces engrais artificiels qui

n'ont d'effet que sur la plante ou la semence d'une année et épuisent la terre, loin de l'améliorer. Quel que soit le nom qu'on leur donne, il ne faut pas s'en servir. Quelle peut être l'efficacité, par exemple, du noir animal, ou mieux encore de ce *guano péruvien* qui, selon les vendeurs, provient de montagnes d'excréments d'une espèce d'oiseaux du Pérou, et qui n'est autre chose que de la terre mélangée avec un peu de sel ammoniac ou autre? Ne désespérons pas, si la crédulité publique veut bien le permettre, d'en voir un jour offrir de nouveaux qui proviendront de montagnes d'excréments de moucherons de la Chine.....

Les engrais artificiels sont loin de valoir et de remplacer les fumiers ordinaires, que l'on peut faire soi-même et qui sont bien moins coûteux.

§ 1er.

Influence pernicieuse de l'eau et de l'air sur les fumiers. — Moyens d'y remédier, et procédés pour avoir un fumier bon et volumineux.

Ordinairement le fumier s'entasse au dehors; il y reste plus ou moins de temps; il reçoit alternativement le soleil et la

2

pluie. Le soleil enlève, par suite de l'évaporation, la partie la plus puissante de l'engrais, l'azote. La pluie lessive les sels du fumier et les entraîne dans les fossés ou ailleurs. Il s'établit un suintement invisible, mais continuel, par suite duquel le plus précieux liquide est enlevé. Le volume et la forme du tas de fumier restent les mêmes ; mais l'engrais a perdu quelquefois les trois quarts de sa vertu.

Il faut de toute nécessité que l'on prenne l'habitude de couvrir les fumiers (1) et de les laisser fermenter le plus possible, en ayant le soin de les arroser de temps en temps, soit avec des urines de bétail attirées dans un trou près du tas, soit avec le suintement du fumier, soit même avec un peu d'eau pure, si les urines et le suintement ne suffisent pas.

Le fumier de cheval demande à être arrosé un peu plus que celui des bêtes à cornes ; celui de moutons également.

Pour obvier à la perte que quelques personnes remarquent sur les fumiers qui

____

(1) La couverture qui nous semblerait la plus économique et la plus commode serait celle de toile goudronnée, à 30 ou 40 centimes le mètre. Le goudron provenant des gazomètres se vend 10 centimes le kilo. On allierait au goudron un sixième de suif pour empêcher d'écailler.

restent pendant une année exposés au soleil et à la pluie, elles conduisent ces fumiers dans les terres dès qu'elles les enlèvent de l'écurie, ou peu de jours après; elles les laissent un certain laps de temps sur le champ, répandus ou plutôt en petits tas, en attendant que la charrue vienne les enterrer. Un mois ou six semaines après qu'ils sont enterrés, on vient par un second coup de charrue les déterrer, du moins en partie. Ces engrais n'ont pas eu le temps de s'amalgamer à la terre, de s'y incorporer de manière qu'ils ne puissent plus s'en séparer, et que l'air et l'eau n'aient plus la faculté d'en enlever la partie fertilisante qu'on appelle azote.

Il est d'une extrême importance de laisser les fumiers couverts jusqu'à la semaille, au moyen de quatre piquets, si on veut, supportant des perches sur lesquelles on placera des planches, des genêts, de la paille, ce que l'on pourra. La terre, une fois ensemencée, ne sera rouverte qu'à la récolte suivante, 10 ou 11 mois après que le fumier aura été enterré; et il aura eu par conséquent le temps de s'incorporer à la terre et de ne plus faire avec elle pour ainsi dire qu'une seule substance. L'air et l'eau n'auront plus alors aucune influence.

Si l'on veut se convaincre de l'importance qu'il y a à couvrir les fumiers, en les faisant fermenter assez longtemps pour arriver à leur plus haut degré de qualité, et reconnaître la perte que l'on éprouve en les laissant exposés au soleil et à la pluie, on peut recourir au procédé suivant, que j'ai moi-même expérimenté :

Que l'on prenne deux vases de pareille capacité, de 100 litres chacun, par exemple; que l'on mette dans l'un comme dans l'autre un lit de paille, un lit d'excréments de bétail, et ainsi de suite jusqu'à l'orifice de chaque vase; qu'on ait le soin de bien mettre dans l'un et l'autre les mêmes quantités de matières. L'un des vases sera troué dans le bas, et restera découvert et exposé au soleil et à la pluie; l'autre, qui n'aura point de trous, sera bien couvert. Au bout de six mois ou plus, si on le veut, on pèsera les deux fumiers : celui qui aura été fait dans le vase troué et découvert aura perdu de son poids, quoiqu'on ait eu le soin de l'arroser, comme celui qui est dans l'autre vase, avec de l'urine de bétail; en outre, il n'aura pas le tiers de la qualité de ce dernier, qui aura conservé son poids ou à peu près.

On pourra s'assurer de ce dernier point et voici comment : on divisera en deux une parcelle de terre ayant dans toute son étendue la même qualité; on cultivera ces deux parties de la même manière; on y sèmera dans le même instant la même graine; mais on mettra dans l'une l'engrais du premier vase, et dans l'autre l'engrais du second. La différence de produits sera facile à constater lors de la récolte!!!...

On a assez généralement l'habitude de laisser entasser sous les moutons plusieurs pieds de fumier avant de le conduire dans les terres.

Ce fumier, il est vrai, a fermenté à l'aide des urines du bétail; mis dans 34 ares en petites quantités, il y produit de si bons effets qu'on y attache ordinairement un grand prix ; ce n'est point étonnant : la substance fertilisante de ce fumier est tellement concentrée dans un si petit volume, que là où on la met, elle doit bien se montrer. Ce fumier n'a pas été lessivé, il n'a subi aucune évaporation; néanmoins la perte est considérable. Si on en eût fait un tas et grossi le volume en le traitant comme nous l'avons indiqué, on aurait obtenu peut-être quatre ou six voitures au lieu d'une.

Le volume des fumiers! Voilà une autre nécessité sur laquelle nous devons aussi insister. J'avais depuis longtemps observé la déperdition qui a lieu sur les engrais employés par petites parties et les graves inconvénients qui en résultent.

Je consultai sur ce point un chimiste fort distingué, M. Delarue, professeur à l'école de Médecine, et voici la réponse dont il voulut bien m'honorer:

« Monsieur, vous me demandez quelle
« est la cause de l'énorme déperdition
« que vous avez remarquée dans la puis-
« sance des engrais. Voici, selon moi,
« cette cause : l'engrais que vous prenez
« pour type est le fumier de ferme, qui,
« selon les principes reçus, doit en grande
« partie sa puissance à l'azote, ou plutôt
« aux matières azotées qu'il renferme.
« Ces principes mis en présence de la
« chaleur développée par la fermenta-
« tion, ne tardent pas à se décomposer :
« l'azote est mis à nu; une partie de ce
« corps simple, gazeux, est promptement

« absorbée par la terre ; l'autre se dissout
« dans l'air ou dans les eaux pluviales
« qui viennent périodiquement couvrir
« la surface cultivée. Il serait possible
« qu'en employant, comme vous le con-
« seillez, le fumier en grande masse, la
« décomposition en fût plus lente, et dès
« lors l'absorption par l'air et l'eau
« moins considérable.... »

En s'en rapportant à cette solution, on
peut concevoir que plus est volumineuse
la substance qui contient la partie fertilisante de l'engrais, plus elle occupe d'espace dans la terre, plus la terre s'empare
de cette partie qu'on appelle azote. Cette
assimilation se fait bien mieux en une
seule fois que si on mettait en trois ou
quatre fois une quantité pareille de fumier devant revenir, dans l'année où on
a fumé, trois ou quatre fois au contact de
l'air ; ce qui donne à l'air la facilité d'a-
gir sur l'azote avant que les éléments es-
sentiels de l'engrais se soient amalgamés
ou identifiés avec la terre.

On voit par là quelle est l'importance
du volume dans les fumiers. Il est vrai
que pour le grossir les matières manquent
quelquefois ; il ne s'en trouve pas en assez

grande abondance pour absorber les excréments, les urines du bétail, et empêcher que tout cela ne s'échappe en cou-
lant. Mais alors voici ce que l'on peut
faire : on mettra un lit de terre de deux
ou trois centimètres d'épaisseur sur chaque couche de fumier de 16 centimètres,
lorsqu'on formera son tas.

Si on pouvait se procurer de ces herbes
de toutes sortes qui croissent dans les bois,
ce serait meilleur que la terre. On pourrait aussi se servir de sciure de bois blanc,
tel que sapin, peuplier, tremble ; celle de
chêne, noyer et autres bois durs ne convient pas. Elle ne pourrirait pas aussi vite
que la sciure de bois blanc ; puis elle contient plus de tanin, ce qui s'opposerait à
la fermentation ou décomposition des autres substances végétales. Il existe beaucoup de plantes dures et ligneuses que
l'on pourrait employer pour former les
engrais, par exemple les genêts, les ge-
nièvres, les bruyères, les fougères, les
buis, les ronces, les roseaux, les joncs,
les tiges de maïs, les broussailles des
bois (1) et autres semblables. Il suffirait

____

(1) Les inspecteurs des Eaux-et-Forêts pourront dire
l'avantage qui résulte du sarclage pour les bois. La forêt

de pouvoir les écraser facilement. Nous nous occupons en ce moment de la confection d'une machine destinée à faire ce travail. Si, comme nous l'espérons, nos recherches sont couronnées de succès, nous nous hâterons de faire connaître ce nouvel instrument.

Notons bien que les plantes dures, une fois écrasées, sont aussi convenables que la paille pour faire du fumier. Si la paille dont on se sert habituellement pour la litière contient quelque principe végétal, il est bien évident que seule elle serait un fort mauvais engrais.

Quant aux plantes tendres, vertes ou sèches, telles que les tiges de choux, colzas, herbes des jardins et autres de toute espèce, elles peuvent, sans être écrasées, servir dans le tas de terreau dont nous allons parler. Ce terreau, appelé *compost*, se forme de la manière suivante : on fait sur un terrain dur et imperméable un lit large de deux mètres carrés, plus ou moins, et épais de 33 centimètres, avec les diverses plantes dont nous venons de

de Mme Adélaïde, sœur du roi Louis-Philippe, située près de Vichy, était sarclée et profitait très-bien par suite de cette opération.

nous occuper. On place sur ce premier lit 6 ou 8 centimètres de terre, et ainsi de suite jusqu'à la hauteur de 2 mètres. On a le soin d'arroser chaque couche de plantes ou de terre soit avec des urines soit avec de l'eau, si les urines manquent. Pour 2 mètres carrés un hectolitre suffit. On donne à ce tas la forme d'une toiture, en le couvrant de terre tapée à la pelle, afin d'empêcher l'eau d'y pénétrer. On enfonce sur cette espèce de couvert plusieurs chevilles à 60 centimètres de profondeur et à 16 centimètres les unes des autres. On tire ces chevilles toutes les fois qu'on veut introduire dans le compost, par les trous ainsi pratiqués, des urines ou, à défaut, de l'eau ; ce qui doit se faire tous les mois, surtout pendant les chaleurs, afin d'exciter la fermentation.

On doit avoir un bassin ou une mare près de la cour ou du fumier pour y récueillir les eaux. Elles sont bien meilleures que l'eau de puits ou de fontaine pour arroser le compost.

Il faut que ce terreau ait fermenté au moins un an pour avoir le degré de qualité voulue.

Dans la formation du compost on peut

employer non-seulement les plantes dont nous avons parlé ci-dessus, mais encore toutes matières, soit du règne animal soit du règne végétal. On y met les os, les cuirs, savates, chiffons de laine ou autres, pieds de bêtes, cornes, eaux de lessive, de cuisine, urines, matières fécales, etc., etc. Il ne faut rien laisser perdre : tout est utile.

La quantité de ce terreau ainsi composé que l'on veut mettre dans les fonds peut être double de celle qu'on devrait y mettre en fumier ordinaire; mais tout dépend cependant des substances qui sont entrées dans cette composition. Si on y avait mis des matières animales, l'engrais serait plus actif, et il en faudrait une moindre quantité. Ce point doit être laissé au discernement du cultivateur qui a fait le compost.

§ 2.

Enlèvement et transport de la surface des prés et des bas-fonds des étangs ou marais.

Voici encore un puissant moyen d'engrais qui est trop négligé en général.

Ordinairement on fait rendre les eaux qui proviennent des fumiers dans un terrain qui joint les bâtiments d'exploitation, et on en fait un pré qui est à la vérité excellent. Mais, une fois que ce fonds est ainsi amélioré, ce qui a lieu en quelques années, toutes les eaux des fumiers qui passent ne peuvent rendre meilleur un terrain qui a atteint son plus haut degré de qualité. Ces eaux sont emmenées, quand il pleut, dans les chemins, dans les fossés voisins. Elles auraient pu cependant être utilisées pour faire des engrais, comme nous l'avons indiqué dans le paragraphe précédent, et servir à bonifier un certain nombre d'hectares de terres médiocres ou mauvaises.

Quand on a depuis quelque temps un pré dont la surface est ainsi enivrée d'engrais, et qui commence à être vieux, il faut profiter de cette surface et en lever 66 centimètres à un mètre, plus ou moins, en laissant au fonds un peu de pente. Après deux ou trois récoltes, le pré sera refait à neuf. On y laissera couler de nouveau les eaux de fumier pendant deux ou trois ans, et le pré sera aussi bon qu'auparavant. Les 66 centimètres à un mètre qu'on enlèvera sur toute la surface donneront un certain nombre de tombereaux de terreau, qui, conduit dans les terres médiocres et les plus voisines, vaudra le fumier et même quelquefois mieux.

On ne doit pas négliger non plus de transporter dans les terres qui ont besoin d'engrais les bas-fonds des étangs ou marais. Il y a là souvent d'immenses couches de racines pourries, qui, une fois mises en tas et ayant fermenté, sont de l'excellent terreau, sans qu'il soit besoin d'y mêler aucune autre substance.

Du reste, après avoir enlevé la surface de ces marécages, on peut, s'il y a de la pente, les assainir, comme nous l'indiquerons dans un des chapitres suivants.

<h2 style="text-align:center">§ 3</h2>

Chaux. — Plâtre. — Marne; son analyse. — Cendres.

La chaux et la marne agissent de la même manière, mais autrement que le plâtre, qui n'agit que sur la plante et dont les résultats disparaissent avec la récolte.

La chaux et la marne ont pour effet de dissoudre la terre qui, lorsque la mise a été assez forte, reste ensuite indéfiniment dans le même état. Mais en divi-

sant les molécules de la terre, en la stimulant, elles la forcent à produire, et
conséquemment à se dépouiller du principe végétal qu'elle peut contenir. Elle
deviendra stérile si on néglige d'y mettre des engrais proportionnellement à sa
production ou à son épuisement.

Ces deux agents actifs de la végétation
sont nécessaires aux terres grasses, argileuses, froides; mais ils ne suppléent pas
le fumier.

Pour les terres grasses, argileuses,
il faut 25 pièces de chaux de 230 litres
pour 34 arés.

On la dépose en sortant du fourneau et
en petits tas de la grosseur d'un double-
décalitre, répartis à des distances égales
sur la surface du champ. On la couvre de
terre d'un volume à peu près double de
celui de la chaux. Après un laps de 6 ou
8 jours elle est fusée. Pendant ce temps,
il faut avoir le soin de la surveiller et de
taper avec une pelle sur les fissures qui
se manifestent dans les tas; autrement, le
carbonate, qui seul produit l'effet, s'éva-
porerait par ces fissures. Lorsque la terre
l'aura absorbé, s'en sera imrpégnée, il ne
pourra plus s'en séparer.

Si on ne prenait pas ces précautions, si on laissait la chaux se fuser en tas, pour la semer ensuite dans le fonds, comme on y sème le plâtre, elle serait pour ainsi dire perdue.

Si la mise de chaux a été convenablement faite et dans les proportions que nous avons indiquées, le sol, ameubli, léger, sera plus facile à cultiver, plus productif, moyennant engrais toutefois. Il devra être en état de culture continuelle et rapporter tous les ans, comme nous l'expliquerons dans un autre chapitre.

La marne, avons-nous dit, agit comme la chaux; il en faut 100 tombereaux pour 34 ares, à supposer qu'elle contienne de 25 à 50 pour cent de carbonate; mais la marne ne contient pas partout et toujours la même quantité de carbonate de chaux. Cette quantité n'est pas facile à constater. La variation de la couleur fait souvent prendre de la terre glaise pour de la marne. Voici une opération que nous empruntons à Dombasle, et au moyen de laquelle il sera facile de reconnaître la matière dont on veut faire usage :

On pèse exactement cent parties de

la marne que l'on veut employer, après l'avoir fait parfaitement dessécher, 100 grammes ou 100 décigrammes par exemple; on les met dans un verre à boire ordinaire, avec un peu d'eau pour les faires déliter; on verse ensuite quelques gouttes d'eau forte (acide nitrique) dans ce verre; on agite l'eau avec une baguette de bois (1), et on attend que l'ébullition soit passée; alors on verse encore quelques gouttes de l'acide, et cela, jusqu'à ce qu'il ne se produise plus d'ébullition.

Lorsqu'elle a cessé, et si en agitant la baguette, elle ne se reproduit pas, on peut être assuré que tout le carbonate de chaux est dissous. On emplit alors le verre avec de l'eau ordinaire et bien claire; on agite tout ce qu'il y a dans le verre avec la baguette, et on laisse déposer.

Quand la terre est bien déposée au fond du verre, et quand l'eau est bien claire, ces divers lavages ont entraîné en dissolution le sel qui a été formé par la décomposition du carbonate de chaux, et

____

(1) Une baguette de métal nuirait à l'opération.

ce qui reste au fond du verre n'est plus que de l'argile et du sable.

Pour s'assurer si tout le sel a été bien dissous, on met sur la langue quelques gouttes du dernier lavage, et si l'eau a encore une saveur âcre ou acide, on continue le lavage jusqu'à ce qu'il ne reste plus aucune saveur.

Alors, on jette dans une soucoupe la terre qui est au fond du verre ; on rince la soucoupe avec un peu d'eau pour ne perdre aucune partie de la terre, et on laisse cette terre bien déposer dans la soucoupe ; on l'incline ensuite légèrement pour verser l'eau claire qui surnage au-dessus de la terre, que l'on fait sécher ; quand elle est sèche, on la détache avec soin de la soucoupe et on la pèse avec exactitude.

La diminution de poids que la terre a éprouvée, indique la quantité de carbonate de chaux qu'elle contenait et qui a dû être totalement dissous par l'acide et enlevé par les lavages. Ainsi les 100 grammes se trouvant réduits à 25, par exemple, on en conclura que la marne contient 75 pour cent de carbonate de chaux ; dans ce cas, la marne serait de première qualité.

Il n'est pas besoin de dire que si la terre a le même poids qu'avant l'opération, ce n'est pas de la marne; que si elle perd peu de poids, elle contient peu de carbonate. On ne doit s'en servir que si elle contient au moins 25 pour cent de carbonate.

Nous avons reproduit ces détails parce qu'il est d'une grande importance de n'employer que des matières qui méritent véritablement le nom de marne, et parce qu'une erreur sur ce point peut être fort préjudiciable.

Le mortier sec provenant des démolitions de vieilles constructions serait encore meilleur que la chaux. La chaux vive, quoique fondue par un peu d'eau, s'est amalgamée avec la terre ou le sable, et elle ne s'en est jamais séparée. On voit souvent le merveilleux effet produit par ce mortier de démolitions sur les terres ou les prés. Cela vient à l'appui de ce que nous avons avancé quand nous disions que le carbonate de chaux ne peut plus se séparer de la terre à laquelle il s'est incorporé.

La cendre agit bien comme la chaux et la marne. Mais il faut préférer l'emploi de la chaux à celui de la cendre : il est plus facile de se procurer une grande quantité de chaux qu'une grande quantité de cendre. La chaux, d'ailleurs, est moins chère, et la cendre est souvent mélangée de terre.

Cet amendement est cependant en grand renom dans certaines contrées. Mais c'est une erreur contre laquelle nous ne saurions trop nous élever. J'ai remarqué ce qui se pratique partout où on emploie la cendre, le voici :

Un cultivateur arrive chez un marchand de cendre. Il a fait 52 kilomètres pour venir. Il en fera autant pour retourner. Sa voiture est attelée de deux bœufs. Il charge 36 doubles-décalitres de cendre qui, à 40 centimes l'un, font. . 15 fr.

La journée des bœufs vaut. . . 7

Celle de l'homme. 2

Les bœufs vivent du fourrage apporté. 2
____
En tout. . . . 26

Un de ces cultivateurs m'a dit qu'il mettait de 30 à 35 doubles-décalitres de cendre par carte ou mesure de 10 ares, et par conséquent plus de trois fois 30 ou 35 doubles-décalitres par 34 ares, ce qui en total, et joint aux 26 fr. ci-dessus, donne environ un chiffre de 81 fr.

Je ne compte pas le fumier perdu pendant le voyage. Je ne parle pas et de la fatigue des bêtes et du temps perdu.

Mais ce que je tiens à faire observer, c'est que la cendre est un stimulant qui n'améliore pas la terre. Après une ou deux récoltes, si on n'a pas eu le soin de mettre une certaine quantité d'engrais, cette terre sera improductive, et on n'en aura pas moins dépensé 81 fr. qui seront loin d'être compensés par l'excédant de récolte obtenu au moyen de l'agent employé. La terre stimulée par la cendre a pu produire en une récolte 20 ou 30 fr. de plus ; mais elle perd, par suite de l'épuisement qui résulte de l'emploi de cet agent, quatre ou cinq fois cette somme. Les cultivateurs, satisfaits par un peu plus de production obtenue à la première et à la seconde récolte, ne s'aperçoivent pas en général de cette perte, qui cependant est réelle. Aussi est-il difficile de les détourner de cet usage. Cependant il y a des contrées dans lesquelles on a reconnu l'abus, et où l'on emploie la chaux ; ce qui vaut infiniment mieux.

Mais, avant tout, on doit tâcher de se procurer de grandes masses de fumier, et pour y arriver il faut et des fourrages et du bétail. C'est ce qui va nous occuper dans les chapitres suivants.

CHAPITRE III.

Fourrages.

Observations sur l'utilité des provisions de fourrages, et la manière de les conserver.

Le fermier et même le petit propriétaire peu aisé ont l'habitude de vendre le foin qu'ils ont économisé, et conduisent à la foire une partie de leur bétail, à l'entrée de l'hiver, précisément au moment où il est au plus bas prix de l'année. Or, il y a perte sur la vente du bétail, perte de fumier, perte de récoltes; ce dernier préjudice seul est-il compensé par la somme retirée de la vente du foin? Nullement.

D'un autre côté, n'a-t-on pas vu récemment, en 1851, lorsque les fourrages ont été rares, tous les cultivateurs tuer une partie de leur bétail, les vaches surtout, et les consommer eux-mêmes, parce qu'ils en trouvaient à peine 10 centimes le demi-kilogramme dans les foires? Une hausse extraordinaire est bientôt survenue. Elle dure encore en 1856.

Si on avait eu le soin de faire des provisions de fourrages, tout cela serait-il arrivé?

Qu'on ne manque donc pas à l'avenir d'entasser des masses de fourrages et de ne pas en vendre.

Mais il faudrait de grands fenils, dira-t-on peut-être? Pas du tout. On peut entasser le fourrage au dehors, ainsi que cela a lieu pour les récoltes en blé, et il se portera peut-être mieux que dans l'intérieur des bâtiments.

Bien couverts comme nous allons le dire, certains fourrages peuvent se conserver pendant trois ans sans perdre essentiellement de leur qualité. On aura d'ailleurs le soin de faire consommer les plus anciens les premiers.

Voici ce que l'on doit faire :

On place sous chaque tas de fourrage un lit de fagots de bois, et pour couverture très-commode et fort économique on prend de la grosse toile d'emballage à 30 centimes le mètre. On en fait des bandes de 4 mètres de large et ayant chacune une longueur suffisante pour couvrir le tas, qui finit dans le dessus en forme de toiture. On fixe le long de ces bandes et à leurs bouts des ficelles de distance en distance. Les ficelles qui sont le long des bandes sont destinées à les lier ensemble, afin que le vent ne les enlève pas. Celles des bouts servent à bander les toiles en les attachant à de petits piquets fichés dans le tas.

Ces toiles doivent être goudronnées (1); et on joint au goudron un sixième de suif employé chaud.

Les couvertures de paille, comme celles que l'on fait sur les récoltes en blé dans plusieurs contrées, seraient moins commodes. La toile, au contraire, se roule sur le tas quand on veut prendre du fourrage, et on n'a qu'à la laisser retomber sur la brèche ou l'endroit entamé, sans aucune autre précaution, dès qu'on a enlevé ce qu'on désirait.

(1) Nous avons déjà dit que le goudron des gazomètres se vendait 10 centimes le kilogramme.

Si c'est de la luzerne qu'on a ainsi entassée, il faut, pour éviter de l'effeuiller, tout en commençant à attaquer le tas par le côté le plus près de l'étable, la couper avec une bèche ayant un bon taillant. On met le tout d'une seule pièce sur une toile et on le porte ainsi jusqu'à la crèche. Si on tirait ce fourrage au moyen d'un crochet, on perdrait toute la feuille, qui en est la meilleure partie.

CHAPITRE IV.

Fourrages artificiels.

§ 1ᵉʳ

De la Luzerne.

Parmi tous les fourrages, il en est un qui a toujours fixé mon attention par sa qualité et l'abondance dont il est susceptible, et cependant sa culture est loin d'être aussi répandue qu'elle devrait l'être : je veux parler de la luzerne.

La luzerne peut produire, en quatre coupes par an, cinq mille kilogrammes de fourrage dans 34 ares. Bien faite, dans un terrain sain, bon et surtout calcaire, elle peut durer vingt-cinq ans, et plus, sans être étouffée par l'herbe, comme cela arrive ordinairement. Mais pour obtenir tous ces résultats, voici ce qu'il faut faire :

Une fois la terre bien foncée, fumée par une forte mise de fumier, assainie, s'il est nécessaire, par les moyens que nous ferons connaître, on donne en automne un labour peu profond. Au printemps suivant, on donne un second labour un peu plus profond, afin d'enfouir les herbes qui pourraient encore exister ; et après avoir hersé on sème la luzerne (sept kilogrammes et demi par 34 ares). On l'enterre avec le dos de la herse, ou mieux encore avec le rouleau (1). Il faut que la semence soit peu couverte de terre.

Q'on ne s'étonne pas du nombre de kilogrammes de graine que nous indiquons : en semant la luzerne un peu forte, elle sera plus serrée, plus fine et plus facile à manger pour les bêtes à cornes.

(1) On comprend qu'en aplanissant les bosses, la faux rasera plus bas la luzerne et les herbes.

Il faut semer en même temps que la luzerne un peu d'avoine qui la tiendra à l'ombre, car l'avoine pousse plus tôt que la luzerne.

Avant que l'avoine soit en épis, on la fauche (1), afin de raser les quelques herbes qui peuvent encore exister et les empêcher de mûrir et produire de la graine. On laisse mûrir la seconde coupe, qui se fait en automne. Au printemps de l'année suivante, on fauche aussi la première coupe de bonne heure, sans laisser mûrir ni fleurir la luzerne ainsi que les herbes qui pourraient encore se rencontrer.

On doit d'ailleurs faire toujours toutes les coupes de bonne heure, huit jours au moins plus tôt qu'on ne le fait ordinairement. Sur trois coupes, on gagnera trois semaines environ, et dès lors une quatrième coupe. En outre, la luzerne conservera mieux ses feuilles et sera infiniment meilleure que celle qu'on laisse trop mûrir, et dont les tiges durcissent. On détruira ainsi le reste d'herbes oubliées, en ne leur donnant pas le temps d'arriver à leur maturité.

(1) C'est un excellent fourrage.

A la troisième coupe de la seconde année, alors que la luzerne aura pris de fortes racines, on doit avoir le soin de la herser pendant les chaleurs de juillet ou d'août. Elle défie la herse, qui lui fait beaucoup de bien et la rechausse. Les jeunes herbes, mises dessus par la herse et exposées à la chaleur, ne manquent pas de périr. Cette opération se fait tous les ans à la même époque et pendant la chaleur.

Lorsque dans une luzernière il se trouve quelques places vides dans lesquelles la graine n'a pas levé, on fait de petites raies, puis on prend les plus belles tiges qu'on y couche comme on fait de la vigne ; on couvre ces tiges de terre. Ce procédé peut être employé quel que soit l'âge de la luzerne ; il n'y a pas de moyen plus commode et plus certain. On ne pourrait pas repeupler au moyen de la graine, car la luzerne qui entoure les places vides les tient à l'ombre et enlève toute la substance nutritive.

La luzerne, soit en vert soit sèche, donne beaucoup de lait aux vaches; c'est un très bon fourrage pour les chevaux : elle remplace l'avoine. Si on ne leur donne que de cette espèce de fourrage avec de l'avoine, ainsi que cela se fait assez souvent, ils sont atteints du vertige et périssent; mais cela même prouve que la luzerne a une qualité supérieure à celle du meilleur foin. On peut éviter l'inconvénient dont nous venons de parler, en supprimant entièrement l'avoine, ou bien, soit en donnant à l'un des repas des carottes cassées ou des betteraves, soit en faisant boire de l'eau blanchie de son. Il faut des soins en toutes choses. Il en est qui craignent aussi l'usage de la luzerne en raison de la météorisation du bétail ruminant; mais ils n'ont qu'à suivre les conseils donnés par Dombasle sur ce point, et il n'y aura plus aucun accident à craindre : l'usage de ce précieux fourrage deviendra plus général.

§ 2.

Du seigle employé comme fourrage.

Voici un fourrage artificiel peu usité et pourtant excellent; c'est tout simplement du seigle semé à double dose dans une des meilleures terres bien fumée.

Dès que ce seigle, qui a poussé très-épais, arrive en avril, on le fauche avant qu'il n'ait aucun épi.

En le fauchant ainsi à temps et en le fanant, ce fourrage vaut autant que le foin pour toute espèce de bétail.

Deux mois après cette récolte, on a une seconde coupe, et en automne une troisième un peu moins forte ; mais ces trois coupes donnent une quantité considérable de fourrage.

Après la troisième coupe, on enterre la racine par un seul labour. On sèmera un pareil seigle pour fourrage. La récolte sera aussi abondante que celle de l'année précédente, si on a eu le soin d'enfoncer un peu plus la charrue, afin de ramener à la surface le dépôt d'engrais qui existe, ainsi que la terre non épuisée par la racine du premier seigle, car elle ne va guère qu'à 8 centimètres de profondeur.

On pourra continuer ainsi les années suivantes.

§ 3.

Plantes fourragères.

La betterave, la carotte fourragère, le choux-rave, la pomme de terre sont autant de plantes bonnes pour le bétail de toute espèce, lorsqu'elles sont cassées au moyen d'une machine inventée à Lyon et qui économise la main d'œuvre ; cuites, elles sont encore meilleures ; cassées et mélangées avec un peu de farine, elles remplacent parfaitement les fèves, dont nous parlerons en nous occupant de la manière d'engraisser les bœufs.

On doit faire en ligne les plantations des diverses plantes que nous venons de citer, afin de pouvoir les sarcler par la houe à cheval.

Elles peuvent se succéder avec une grande abondance dans la terre préparée comme nous l'avons enseigné.

Tous ces moyens de nourriture conviennent en attendant les grands fourrages des prés naturels, artificiels, et surtout de la luzerne.

CHAPITRE V.

Observations sur l'emploi des fourrages en vert.

Tout le monde sait que la luzerne et tout autre fourrage profitent mieux au bétail lorsqu'ils sont donnés en vert que lorsqu'il sont secs; mais, faute de certaines précautions qu'il est indispensable de donner au fourrage en vert, on en consomme plus que s'il était sec, et il produit moins d'effet.

Il faut que le fourrage, quand on le donne en vert, ne séjourne pas plus de deux jours en tas; s'il pouvait y rester moins, cela vaudrait encore mieux. Si on le laisse plus longtemps entassé, il s'échauffe, devient jaune, et prend une mauvaise odeur, tout en perdant de sa suavité. Or, un animal qui mange sans plaisir un fourrage éprouve ce qu'éprouvent les personnes qui prennent à regret quelques aliments : la digestion se fait mal ou ne se fait point ; conséquemment la nourriture qu'on lui donne ne lui profite pas; il en laisse une partie qui tombe en litière.

Un inconvénient plus grave encore que celui que nous venons de signaler a lieu quand le fourrage que l'on donne en vert est imprégné d'eau ou de rosée : le bétail le mange bien, mais l'eau qu'il contient lui occasionne une diarrhée qu'il est souvent difficile d'arrêter; pendant cette indisposition, il dépérit au lieu de profiter.

La digestion de ce fourrage humide paraît plus facile que celle d'un fourrage en vert qui aurait séché, mais il ne fait que passer par le corps de l'animal ; il n'est qu'en partie digéré. Le fourrage vert qui a un peu séché oblige, au contraire, l'estomac à un travail qui donne le temps à la substance nutritive de se séparer du résidu, pour être convertie en chyle et distribuée ensuite à tous les vaisseaux lymphatiques.

Lorsqu'il n'est pas possible de se procurer du fourrage vert sans qu'il soit mouillé, parce que les pluies sont continuelles, et lorsqu'on est obligé de continuer au bétail le fourrage en vert, parce qu'il a commencé à s'en nourrir, il faut, pour parer à l'inconvénient dont nous avons parlé, déposer son tas à l'abri, l'étendre et le saupoudrer de son. Il en faut très-peu pour le dessécher si on a le soin de le remuer et de le retourner à l'aide d'une fourche.

CHAPITRE VI.

Prairies naturelles.

§ 1er.

Remarques sur l'irrigation des prés.

On connaît les avantages de l'irrigation des prés; nous nous bornerons à quelques observations (1).

Les eaux qui viennent des fonds supérieurs sont pour l'irrigation les meilleures après celles qui proviennent des cours et bâtiments d'exploitation, car les engrais des fonds plus élevés leur ont communiqué une partie de leurs principes fertilisants.

Une eau de fontaine qui sort de terrains calcaires est bonne pour les terres argileuses; mais elle ne vaut pas la précédente.

Celle des rivières ou ruisseaux venant d'une certaine distance est bonne aussi, en raison des substances de toute espèce qu'elle apporte avec elle. La moins bon-

(1) Voyez le § 6 de l'*Appendice.*

ne de toutes les eaux pour l'irrigation est celle qui sort des bois ; c'est peut-être parce qu'en traversant les racines et les feuilles de chènes, elle s'empare d'un principe tanique qui resserre les pores de la plante, de telle sorte que la sève y est retenue. Comme l'herbe n'a pas une végétation libre, elle contracte des excroissances et n'est pas abondante.

En montagne, et lorsqu'on a une pièce de terre située au-dessous d'autres fonds, on doit faire une digue avec un bon corroi en terre grasse, au point le plus élevé; on recueillera dans cette espèce de bassin les eaux provenant des fonds supérieurs, et on les làchera au moyen d'une petite bonde pratiquée au pied de la digue ; en arrosant ainsi le pré en temps convenable et en dirigeant avec soin les eaux, on obtiendra un fourrage abondant.

Nous terminerons en faisant observer qu'il ne faut en général laisser l'eau que pendant vingt-quatre heures dans les prés (1), et ne l'y remettre qu'après dix jours. Cependant il y a beaucoup de per-

(1) L'irrigation faite pendant la nuit vaut mieux que celle qui a lieu pendant le jour.

sonnes qui pensent que l'eau doit y séjour-
ner continuellement même pendant l'hiver; c'est une erreur contre laquelle on ne
saurait trop se mettre en garde : les prés
dans lesquels l'eau séjourne sont remplis
de mousse et de mauvaises herbes engen-
drées par la stagnation de l'eau.

§ 2.

Conversion de certaines plaines de mauvaises terres et
des étangs en prés arrosables.

Il existe en France beaucoup de grandes
plaines de terres froides, grasses, argileuses ou autres dont on pourrait faire de
bons prés si on pouvait les arroser. Les
terres dont nous parlons seraient bien
plus faciles à arroser avec un très-petit
volume d'eau que les bonnes terres qui
ont beaucoup de fond, et dont le sol est
creux, végétal, léger dessus et dessous.
Dans ces dernières, en effet, l'eau est
absorbée dès qu'elle arrive dans la pièce
et ne va jamais jusqu'au bas ; dans les premières au contraire, qui ont un sol gras
de 16 centimètres de profondeur, de l'argile dessous, ou qui sont dures, l'eau cir-

cule et est d'autant moins absorbée que le sec de la charrue n'y a jamais pénétré.

Les plaines dont nous parlons sont souvent situées à peu de distance d'un ruisseau ; mais plusieurs hypothèses peuvent se présenter.

Il peut se faire que le niveau de la plaine soit plus bas que celui du ruisseau ; dans ce cas il sera facile d'y conduire l'eau.

Si la plaine est plus élevée, le propriétaire qui veut se servir de l'eau dont il a le droit de disposer peut, d'après une loi du 11 juillet 1847, obtenir la faculté d'appuyer sur la propriété du riverain opposé les ouvrages d'art nécessaires à sa prise d'eau, à la charge d'une juste et préalable indemnité ; ce propriétaire peut encore se servir d'une machine très-ingénieuse possédée par une Compagnie qui s'organise pour des travaux d'agriculture et au moyen de laquelle on fait monter l'eau à peu de frais ; cette machine sera très-souvent préférable au barrage.

On peut, de cette manière, arroser une grande plaine par sections d'une dixième partie de la plaine, tous les dix jours, avec une très-petite quantité d'eau, quand le terrain n'est pas creux.

Mais nous devons faire observer qu'il existera cependant souvent dans la législation un obstacle à ce que l'on convertisse ainsi en prairies certaines plaines de mauvaises terres. Il faut, en effet, pour pouvoir disposer de l'eau, être riverain du ruisseau. Or, si l'on n'est pas riverain, quand même on serait possesseur d'une grande étendue de terres propres à faire des prés par les moyens ci-dessus indiqués, on ne peut pas profiter des eaux du ruisseau, qui sont peu éloignées, mais dont on est séparé par un terrain appartenant à autrui.

La loi du 29 avril 1845, appelée communément *loi Dangeville*, permet bien à un propriétaire d'obtenir le passage des eaux sur les fonds intermédiaires, sauf indemnité ; mais ce n'est que pour les eaux qui lui appartiennent déjà ou dont il a le droit de se servir, et dans la proportion de ce droit.

Quoi qu'il en puisse être, on peut aussi convertir en prés les étangs assainis par les moyens que nous indiquerons dans l'un des chapitres suivants. Toute la surface d'un étang peut être arrosée par sections, comme nous l'avons dit ci-dessus, au moyen d'un très-petit volume d'eau provenant du fossé qui est au milieu de l'étang et dont on se servait pour l'écoulement des eaux qui l'alimentaient. La quantité d'eau nécessaire pour l'irrigation est si petite, que le moindre égout se rendant dans l'ancien étang peut suffire.

On établit un barrage au bas de la digue de l'étang, qui est ouverte, et où l'eau se rend par l'ouverture de la digue. On place en cet endroit la machine dont nous avons déjà parlé et qui fait monter l'eau, qu'on envoie, par des sangsues ou écheneaux, sur les deux rives de la pièce jusqu'au point le plus élevé; de là elle vient tomber dans le fossé d'assainissement, qui est au milieu, après avoir arrosé le pré, et se rend dans le bas, près de la digue, où la machine la reprend et l'envoie de nouveau. On comprend qu'en arrosant chaque fois une section seulement de la dixième partie du fonds, il faudra bien peu d'eau pour entretenir la machine.

§ 3.

Amélioration des prés marécageux au moyen de la chaux.

Un pré nivelé, assaini par les moyens que nous indiquerons quand nous nous occuperons de l'assainissement, peut être promptement amélioré au moyen de la chaux ; il en faut un tiers moins que pour les terres. Une fois que la chaux est fusée et amalgamée avec la terre, on la répand sur toute la surface du pré. Elle n'a pas pour effet, comme dans l'amendement des terres, de dissoudre le sol, puisqu'on ne le cultive pas ; mais, mélangée avec de la terre soit apportée d'un champ voisin, soit provenant du nivellement du pré, elle détruit de suite les joncs, les laîches. Les plantes de bon foin qui se trouvent dans le pré prennent bientôt le dessus. On a le soin de semer sur la terre ainsi imprégnée de chaux une grande quantité de graine de foin qui pousse promptement aussi. Il n'y a presque aucun retard dans la récolte, tandis qu'en défrichant les prés il faut attendre plusieurs années. Il est important d'améliorer ainsi les prés marécageux, joignant les rivières, et qu'on ne renouvelle presque jamais.

CHAPITRE VII.

Bétail.

Il existe le lien le plus étroit entre les observations que nous avons à présenter ici et celles qui précèdent. Pour fumer comme nous en avons donné le conseil, pour avoir des masses de fumier, il est non-seulement nécessaire d'avoir des masses de fourrage, mais il faut encore le faire consommer par le bétail.

Ce qu'il y a de plus convenable à faire, selon nous, ce qui est le plus avantageux, c'est d'engraisser des bœufs ou des vaches, non pas en les laissant pendant six mois dans les pâturages, comme cela se pratique dans plusieurs contrées, mais en les nourrissant à l'étable. D'abord, quand on engraisse dans les pâturages, il en faut une très-grande étendue pour un petit nombre de bêtes; puis on ob-

tient bien moins de fumier qu'en les tenant à l'écurie. Les engrais qui sont laissés par les animaux dans les pâturages
leur sont bien quelque peu utiles, mais
le soleil en prend sa part et l'eau la
sienne. La substance, dépourvue de cette
partie gazeuse qui résulte de la fermentation et qui fait le vrai fumier, ne perd
pas beaucoup de sa forme et de son volume sur les pâturages, mais elle produirait quatre, six ou dix fois plus d'effet
si elle avait été convertie en tas de fumier, comme nous l'avons expliqué pré-
cédemment. La perte est certaine. Du
reste, avec le tiers et même le quart des
pâtis que l'on consacre ordinairement au
bétail, on pourrait, si ces terres étaient
mises en bonne culture, obtenir assez de
fourrage pour nourrir à l'écurie le même
nombre de bêtes.

Cela dit, nous allons entrer dans certains détails sur le mode d'engraisser à
l'étable les bœufs ou les vaches ; nous
dirons ensuite quelques mots sur l'élève
de ce genre de bétail et sur les vaches
laitières. Nous consacrerons, enfin, quelques lignes à l'espèce ovine.

§ 1er.

Précautions à prendre et soins à donner pour engraisser
les bœufs ou les vaches.

J'entre dans des détails auxquels on peut ajouter toute confiance. Les procédés que j'indique, je les ai tous éprouvés. Ici comme ailleurs je n'avance que ce qui est le résultat d'une longue expérience. il sera facile à tout cultivateur qui suivra mes conseils d'engraisser promptement, d'économiser la nourriture et de la faire profiter.

Le choix des bœufs (1) les plus convenables pour être engraissés n'est pas difficile à faire : il ne faut les prendre ni trop maigres ni trop vieux ; ils doivent avoir la peau très-souple sur les côtes ; ceux dont la peau est raide comme du parchemin ne conviennent aucunement. Il y a aussi plus d'avantage à engraisser un gros bœuf qu'un petit, si on considère ce que l'un et l'autre consomment.

Quand on a fait un bon choix, voici

____

(1) Ce que nous disons des bœufs doit, en général, s'appliquer aux vaches.

les procédés à employer et les précautions à prendre :

On attache les bœufs à la crèche ; ils s'y habituent en peu de jours, et ils ne doivent sortir de l'étable que pour être conduits à la vente. Si le mouvement convient aux jeunes•bêtes, il est très-défavorable aux bœufs que l'on veut engraisser; le froid ou la chaleur, les mouches sont autant d'obstacles au résultat qu'on se propose d'obtenir.

On place debout entre deux bœufs un tonneau (1) défoncé; que l'on tient continuellement rempli d'eau dans laquelle on met 20 kilogr. de pâte de farine de seigle non blutée, qui aura fermenté trois jours et qui sera un peu plus levée que celle avec laquelle on fait le pain. Il faut avoir le soin de remuer cette eau avec un bâton deux fois par jour. On renouvelle la pâte tous les douze jours; mais lors de ces renouvellements la quantité doit être un peu moins forte; on peut se contenter d'en mettre 15 kilogr. Les bœufs boivent ainsi à leur soif; puis cette boisson, légèrement acidulée, facilite leur digestion et produit

(1) De 228 litres.

un effet tel, qu'il ne faut que deux mois environ pour les engraisser, en prenant toutefois les soins que nous allons indiquer.

On leur donne le meilleur foin possible : le regain de bonne qualité convient parfaitement ; la luzerne est excellente aussi ; elle serait bonne en vert ; mais il faudrait être bien certain de pouvoir en donner pendant tout le temps nécessaire pour engraisser ; autrement, si, après avoir donné du fourrage vert, on en donnait qui fût sec, il y aurait retard, car l'animal ne s'habituerait pas facilement à en manger ; si cet accident arrivait, on pourrait donner de l'autre fourrage vert, tel que du trèfle, de l'esparcette, etc.

On doit diminuer la quantité de fourrage que l'on donne lorsqu'on voit que les bêtes en laissent : il n'en doit point rester de celui que l'on donne pour chaque repas.

Si l'animal mange mal, il faut le gargariser le matin et à jeun, pendant deux ou trois jours, avec du fort vinaigre dans lequel on a mis infuser pendant vingt-quatre heures du sel, du poivre et de l'ail ; l'appétit revient ensuite promptement.

Dans la première quinzaine du second mois, on lui donne chaque jour, à midi, un litre de fèves ou de seigle trempés dans l'eau pendant vingt-quatre heures ; dans la dernière quinzaine, on augmente d'un tiers la dose de fèves ou de seigle, soit un litre et demi ; mais alors on retranche quelque peu de la quantité de fourrage donnée le soir et le matin ; à ce moment l'animal mange moins qu'en commençant. On doit toujours proportionner la quantité de fourrage à celle qu'il mange. Il n'en doit point rester ; nous ne saurions trop le répéter. On ne donne du fourrage que le soir et le matin. On évite d'aller à l'écurie ; on doit même autant que possible ne pas faire de bruit à la porte. On n'ira dans l'étable qu'à l'heure des repas.

Le matin, on a le soin de lever tout le fumier, en mettant de côté la paille qui reste sèche. On en remet un peu sous les bêtes pour la journée, de manière qu'elles soient toujours sainement. Ce n'est cependant pas là l'opinion ni la pratique d'un grand nombre de cultivateurs, qui s'imaginent qu'en laissant les bœufs dans le fumier ils s'engraissent mieux. C'est une déplorable erreur.

Le soir, on remet la paille sèche qu'on a écartée le matin ; on la jette sur celle de la journée avec un peu de nouvelle par-dessus pour la nuit.

La place où se tient l'animal doit être pavée et en pente légère depuis la crè-che jusqu'à une rigole par laquelle les urines s'écoulent, pour se rendre au trou destiné à les recevoir.

L'écurie doit être suffisamment vaste, le plancher élevé. Il y aura des deux côtés des lucarnes que l'on tiendra fermées en hiver, et que l'on ouvrira de temps en temps pour renouveler l'air. Elles devront être toujours ouvertes pendant l'été. Une chaleur modérée est très-favorable.

Si on suit ponctuellement nos prescrip-tions, l'animal reposera presque toujours, consommera moins tout en profitant da-vantage, et coûtera par conséquent moins aussi.

Dès que les bœufs sont suffisamment gras, on doit les vendre; autrement il y aurait des chances de perte ou de mala-die à courir.

§ 2.

Élèves de l'espèce bovine.

Il convient aussi d'avoir dans une ex-ploitation un certain nombre de veaux ou de génisses, afin de faire consommer les fourrages, qu'il est si important de se procurer en grande quantité.

On doit, selon nous, préférer les bêtes du pays. L'espèce suisse et autres espèces étrangères, tout en coûtant un prix plus élevé, sent moins avantageuses et dégénèrent souvent. L'expérience est faite sur ce point.

On doit choisir des bêtes bien prises, bien conformées, ayant de gros membres.

On ne leur donne que du fourrage de la meilleure qualité possible, mais en quantité convenable pour qu'il n'en reste point dans la crèche.

On doit aussi les gargariser, comme nous l'avons indiqué pour les bœufs, lorsque l'appétit paraît cesser.

Il ne faut pas non plus alterner le fourrage vert et le fourrage sec. Le premier est plus profitable.

Le mouvement est nécessaire au développement de ces jeunes bêtes. Elles s'habituent d'ailleurs moins facilement à l'emprisonnement que les bœufs ou les vaches. On doit avoir une espèce de pâtis dans lequel elles puissent se promener, lors même qu'il leur fournirait peu de nourriture. On les fait sortir trois heures le matin avant la chaleur, et autant de temps le soir, lorsqu'elle est passée.

On doit tenir l'étable aussi saine, aussi propre pour ces élèves que pour les bœufs (1).

§ 3.

Vaches laitières.

Si on trouve un intérêt à avoir un certain nombre de vaches à lait, elles doivent se traiter avec les mêmes précautions, les mêmes soins que les génisses. A la campagne, tout le monde sait reconnaître les meilleures laitières. Nous n'avons rien à dire sur ce point.

La quantité de lait qu'elles donnent dépend de l'abondance et de la qualité de la nourriture qu'elles reçoivent.

Les vaches du pays, bien choisies, bien soignées, conviennent, selon nous, bien mieux que l'espèce étrangère.

On devrait, autant que possible, les tenir à l'écurie : elles produiraient davantage en lait et en fumier.

____

(1) Voyez ce que nous avons dit à cet égard dans le paragraphe précédent.

Appendice. — Qu'il nous soit permis d'ajouter ici quelques observations qui se rattachent au but général de notre ouvrage. Les semailles d'automne et celles de printemps sont souvent retardées par le mauvais temps, et ne peuvent se faire convenablement. La récolte des foins est souvent entravée, perdue par les pluies ; les foins mûrissent presque tous en même temps : il faudrait, si c'était possible, pouvoir profiter de quelques jours de beau temps et les enlever en un instant, si l'on avait assez de bras et de voitures. Or, dans une grande exploitation on pourrait parer à tous les inconvénients dont nous venons de parler.

Pour cela, il conviendrait d'accoutumer un certain nombre de vaches laitières au joug et à la charrue, afin de pouvoir faire tous les ouvrages en temps opportun. Un travail de deux ou trois heures ne les fatiguerait pas beaucoup.

Sans ces précautions, qui coûtent à peine quelques gouttes de lait, combien ne s'expose-t-on pas à perdre sur les récoltes lorsque les semailles ont été faites tardivement, ainsi que sur la qualité et la quantité des fourrages lorsqu'ils reçoivent la pluie ! Ce sont toutes ces précautions qui assurent le succès.

§ 4.

Espèce ovine.

Les moutons qu'on engraisse en peu de temps procurent un certain profit ; mais pour tenir cette espèce de bétail il faut posséder des montagnes incultes, comme il en existe dans le midi de la France et ailleurs : il ne réussirait pas dans un pays plat et humide.

Si, au lieu d'engraisser des moutons, on veut avoir des brebis, il y a autant de profit à espérer ; mais elles exigent un peu plus de soins.

On pourrait, pour nourrir soit les moutons, soit les brebis, faire des semis d'acacia dans les terres médiocres. On aurait le soin de couper ces semis dès qu'ils auraient environ 66 centimètres de hauteur. Ils pourraient se couper deux ou trois fois par an. Ce serait un très-bon fourrage pour ce bétail. Il serait peu coûteux, puisqu'il serait produit par de mauvaises terres, et il durerait fort longtemps, si on avait le soin de le raser de manière qu'il ne prenne pas de grosses tiges. Ce fourrage pourrait être donné l'hiver, et en été quand le bétail ne peut pas sortir. On peut aussi donner, soit aux moutons, soit aux brebis, des topinambours, en ayant soin de les casser. Le topinambour vient sans culture dans les terres médiocres. On sait avec quelle facilité il se reproduit.

Enfin, les carottes cassées conviennent également.

CHAPITRE VIII.

Moyen de supprimer les Jachères dans certaines contrées de la France.

Nous n'avons pas l'intention d'entrer ici dans des détails sur ce qu'on a appelé *l'art des assolements*, ni de nous livrer à des développements scientifiques qui seraient bien pâles en présence de tout ce qui a été écrit sur ce sujet (1). Nous nous

(1) On peut consulter notamment l'ouvrage de Pictet.

demandons seulement (et cela a bien aussi son importance) si, dans les contrées de la France où certains assolements existent, il ne serait pas possible de supprimer les jachères.

Ainsi, dans plusieurs pays tous les cultivateurs adoptent une contrée à laquelle ils appliquent successivement une même sorte de culture et d'ensemencement. On appelle la *saison des sombres* la contrée où la terre reste en jachère, et où, je suppose, on a récolté en 1850 des menus grains. Cette contrée ne rapporte rien en 1851, parce qu'on la prépare pendant cette année par trois ou quatre labours pour y semer le blé qu'on récoltera en 1852. Cette contrée se nomme *saison des sombres* en 1851, *saison des blés* en 1852, *saison des menus grains* en 1853 (1).

En 1854, la saison des sombres sera la dernière contrée, qui était celle des menus grains, et ainsi de suite.

Supposons que l'on commence par changer la nature d'une terre par une forte mise d'engrais ; qu'elle soit allégée

(1) En ce cas, chaque période de l'assolement est de trois ans. Dans certains lieux, elle est de quatre, cinq ou même six ans.

soit par la chaux, si elle était argileuse, ou
améliorée par le fumier, si le sol était calcaire ou graniteux, et qu'elle soit défoncée
au moins de 33 centimètres. On y sèmera
un blé en 1850, en labourant la terre à
8 ou 10 centimètres de profondeur. La
récolte de ce blé étant faite en 1851, on
labourera de suite le même fonds à 16 ou
20 centimètres. Au second coup de charrue, on sèmera un blé semblable au premier, à 8 ou 10 centimètres de profondeur également. La récolte sera aussi
abondante que la première si le temps
n'est pas défavorable.

Dès que la récolte sera enlevée, on fera
un premier labour, non plus à 16 ou
20 centimètres de profondeur, mais bien
à 28 ou 33 centimètres ; et, après un second coup de charrue légère, on sèmera
encore en automne un troisième blé à 8
ou 10 centimètres. Même récolte, même
abondance.

Ainsi, voilà trois blés pareils qui se suc-
cèdent pendant trois années consécutives.

Il est facile de comprendre qu'après
avoir mis dans le fonds 16 voitures de fumier, ou une moins grande quantité si
la terre est déjà d'une certaine qualité,

cet engrais, mélangé à la terre, est descendu et a été conduit par les eaux pluviales dans le fond du guéret de 33 centimètres de profondeur, ou que du moins chaque couche de terre a dû s'emparer de la substance fertilisante, par portions à peu près égales.

Les huit premiers centimètres de terre que les racines du blé parcourent ordinairement, et qui l'alimentent, seront envoyés dessous par le labour de 20 centimètres, à la seconde culture destinée au second blé. La charrue amènera à la place cette couche prise à 20 centimètres, et qui n'a point été épuisée par le premier blé. La terre sera neuve pour le second blé d'une part, et, d'un autre côté, elle renfermera la substance fertilisante qui était en dépôt.

Il est inutile d'expliquer pourquoi on peut mettre un troisième blé en allant à 28 ou 33 centimètres. La raison en est la même que pour la semaille précédente. Par ce nouveau labour, on obtient en effet et un nouveau dépôt d'engrais et une terre également neuve.

Après les trois récoltes en blé, on mettra dans le fonds un seigle ou une orge;

après le seigle ou l'orge, une avoine ;
puis, à la troisième culture, des pommes
de terre ou une plante fourragère quelconque. Mais on aura le soin de suivre
chaque année, dans les labours, la mé-
thode que nous avons enseignée pour les
trois semailles de blé. On aura ainsi six
années de récoltes abondantes, après lesquelles on recommencera les semailles en
blé pendant trois années, puis les ense-
mencements en autres graines ou plantes
pendant trois autres années, en procédant
comme nous l'avons indiqué. Il suffira de
fumer avec les quantités d'engrais habi-
tuelles, mais les plus fortes néanmoins
qu'il sera permis de se procurer.

Quand la terre sera traitée de la sorte,
non-seulement les produits seront cinq ou
six fois plus grands, mais elle sera légère, facile à cultiver. Il y aura plus de
profits et moins de peines.

Sur les dernières récoltes des trois dernières années, on pourra, si on le veut,
mettre une fois seulement du trèfle.

Que les propriétaires des contrées où
les jachères existent s'appliquent donc à
créer des fourrages et à faire des fumiers !
On verra bientôt les jachères supprimées.

CHAPITRE IX.

Assainissement.

Ce chapitre a pour objet le troisième des quatre points que nous considérons comme fondamentaux en fait de culture.

Les avantages qui résultent de l'assainissement sont aujourd'hui un fait acquis et reconnu par tout le monde. Il existe même en ce moment un projet de loi tendant à aider les travaux faits dans ce but, par des prêts consentis à ceux qui assainiront leurs terrains au moyen du drainage.

Bien des pages ont déjà été écrites sur le drainage. Nous ne voulons rien ajouter sur ce point. Nous venons seulement indiquer des moyens d'assainissement bien plus économiques, et au moins d'une aussi grande efficacité.

Pour mettre quelque ordre dans nos explications, nous parlerons, dans un premier paragraphe, de l'assainissement des terres qui ont un peu de pente, et, dans un second, de celui des plaines marécageuses qui n'en ont pour ainsi dire aucune. Les procédés que nous indiquons ne sont pas les mêmes.

§ 1er.

Assainissement des terrains qui ont un peu de pente.

Il y a en France beaucoup de terrains plats, mais qui ont cependant une pente souvent imperceptible. Pour les assainir, voici le procédé qu'il faut employer : On prend un niveau d'eau afin de trouver la pente, et une fois qu'elle est connue, on pratique en tête du fonds, c'est-à-dire du côté le plus élevé, un fossé de 82 centimètres de profondeur, et de 33 à 42 centimètres de largeur, sans talus. On place au fond, et tout le long de ce fossé, de gros fagots de bois vert (1). On met sur ces fagots 5 centimètres de mousse, afin d'empêcher la terre de descendre dans les fagots. On comble ensuite avec de la

---

(1) Le bois *vert* ne pourrit pas dans l'eau. Dans les pays où la pierre est abondante et sur place, on peut en mettre au lieu de se servir de fagots.

terre ce qui reste vide du fossé. On doit faire ce fossé à 65 centimètres de distance du voisin, et tenir cet espace intermédiaire dans un état de culture de 33 centimètres de profondeur. De cette manière, l'eau qui viendra des terres plus élevées que celle qu'on assainit descendra, en filtrant par la surface des 65 centimètres, pour tomber immédiatement dans le fossé où sont les fagots. Autrement, si l'eau arrivait du terrain voisin sur le fonds qu'on veut assainir et qui ne serait pas cultivé à plus de 8 centimètres, il en passerait une partie par-dessus le fossé. Tombant dans l'espace cultivé de 33 centimètres de profondeur qui précède le fossé, l'eau ne peut plus se diriger que vers les fagots dans le fond du fossé.

On pratique ensuite, pour tirer et conduire les eaux dans le bas de la pièce et à chaque rive de cette pièce, un fossé de mêmes dimension et profondeur, avec des fagots et de la mousse, comme nous l'avons dit. Chacun de ces fossés communique avec celui qui est en tête.

Ordinairement, pour assainir, on fait des fossés d'un bout à l'autre du fonds, avec un fossé transversal dans le bas. Je n'en ai presque jamais vu un dans le dessus do la pièce, comme je conseille de le faire. C'est cependant le plus essentiel pour assainir. Ce fossé coupe en effet l'eau à la tête du fonds; l'eau ne vient jamais du bas, elle provient toujours des terres plus élevées, et en suintant d'une manière invisible, souvent même quelques mois après les pluies.

On a aussi l'usage, pour assainir une terre, de faire des sillons bombés. Mais il n'y a d'assaini que le sommet du sillon, qui d'ailleurs ne produit guère quand il survient une année de sécheresse. En outre, les deux rives sont, dans le bas, et par suite de l'humidité, infestées de mauvaises herbes qui nuisent à la récolte.

Quand on voudra assainir un fonds ainsi cultivé par le procédé que nous venons de décrire, il sera nécessaire de remettre le terrain dans son état naturel, c'est-à-dire de le rendre plat au moyen de la charrue.

Calculons maintenant la dépense qui sera occasionnée par notre moyen d'assainissement : un hectare ayant 100 mètres de long et autant de large, il faudra mettre dans le fossé du dessus cent fagots, et le même nombre dans chacun des fossés latéraux, en tout trois cents fagots qui, à 10 fr. le cent (1), coûteront 30 fr. A cette somme ajoutons celle de 10 fr. pour la main d'œuvre des fossés faits sans grande précaution et sans talus. Ce sera en tout une dépense de 40 fr. environ. Ce n'est pas le dixième ou le douzième de la dépense nécessitée par les travaux de drainage.

Dans les pays où les terres sont morcelées et où les fonds sont bien plus longs que larges, les propriétaires pourraient s'entendre pour assainir, en ne faisant qu'un seul fossé commun dans le dessus des fonds. La dépense serait supportée proportionnellement.

Il peut se faire que la rive d'un fonds soit plus élevée que l'autre. C'est à ce côté le plus élevé que le fossé devra se pratiquer pour couper l'eau. Dans ce cas, il n'est pas nécessaire de faire d'autres fossés correspondants, quand même il y aurait une hauteur dans le milieu de la pièce. Le fossé unique, creusé au point

____

(1) Dans certains pays, les fagots ne reviennent qu'à 7 fr. le cent; dans d'autres, ils coûtent un peu plus.

le plus élevé, fera écouler les eaux aux extrémités du fonds qui seront plus basses.

§ 2.

Assainissement des grandes plaines marécageuses qui n'ont presque point de pente (1).

Nous avons souvent vu de grandes plaines marécageuses qui présentent une surface plate en tous sens et dans lesquelles il n'existe pour ainsi dire aucune pente. Le moyen d'assainissement que nous avons indiqué dans le paragraphe précédent serait ici inefficace. Le drainage ne réussirait pas mieux que notre procédé économique. Nous avons remarqué dans certaines contrées, près de Crémieux (Isère) et ailleurs, des fossés immenses en longueur, en largeur et profondeur, pratiqués dans le but d'assainir de semblables plaines. Mais ces fossés n'assainissaient pas. Ils restaient pleins; l'eau, prenant son niveau, filtrait à travers la terre et se répandait quelquefois dans toute la plaine, parce que la pente était

(1) Voyez la planche ci-après.

trop minime pour que ces fossés se vidassent.

Cependant on a dû voir, comme nous l'avons observé nous-même, de petites parcelles de ces marécages converties en jardins et terres de première qualité.

Cette amélioration ne s'est faite qu'en exhaussant le sol de 50 ou 66 centimètres, par un apport de terre que l'on prenait le plus souvent au loin. Mais alors il est facile de comprendre que cet exhaussement a occasionné une dépense considérable, et que les petites parcelles dont nous parlons ont coûté à leurs propriétaires une somme excédant deux ou trois fois peut-être le prix de leur valeur actuelle.

Est-il possible d'améliorer ainsi toute une plaine marécageuse avec beaucoup moins de dépense? Nous le pensons.

On peut y parvenir en simplifiant la main d'œuvre dans les travaux et par les moyens que nous allons faire connaître.

Toutefois, une telle entreprise ne peut avoir lieu, et de semblables travaux ne peuvent s'exécuter que sur une assez vaste échelle.

Voici comment on doit opérer pour donner économiquement un exhaussement de 66 centimètres à une plaine marécageuse de la nature de celles qui nous occupent :

On divise la plaine en bandes d'une largeur de 10 mètres chacune ; on laisse entre ces bandes un espace de 5 mètres de largeur et de toute la longueur des bandes. Cet espace est destiné à être converti en fossé.

On lève sur ces 5 mètres intermédiaires des gazons de 18 centimètres carrés environ, et ayant aussi 18 centimètres d'épaisseur; on les dépose provisoirement en tas, de portée en portée, sur les bandes. Ils serviront à finir et à consolider le talus du fossé, comme nous le dirons. Le fossé aura à son orifice 5 mètres de largeur (1), non compris l'évasement qui aura lieu dans le talus quand les gazons seront posés ; à sa base 3 mètres 33 centimètres, et 1 mètre 66 centimètres de profondeur, non compris l'exhaussement de 66 centimètres fourni par les gazons.

(1) Cependant le fossé de la rive droite et celui de la rive gauche de la plaine auront seulement 2 mètres 50 centimètres chacune.

Le talus du fossé est de 17 centimètres pour 33 de profondeur. Or, ce fossé, ayant 5 mètres à l'orifice, n'aura au fond que 2 mètres 50 centimètres. Les gazons suivront la même pente.

Pour faire ce fossé, l'ouvrier, placé au milieu des 5 mètres du terrain où il doit être pratiqué, prendra 2 mètres 50 centimètres de terre à sa droite et autant à sa gauche. La terre qu'il lèvera à sa droite, il la jettera avec la bêche et la pelle sur la bande qui est à sa droite, et celle qu'il lèvera à sa gauche, il l'enverra sur la bande de gauche. Il jettera la première épaisseur de terre, de la profondeur de la bêche, sur chacune des bandes à la plus grande distance possible, qui est d'environ 6 mètres; de sorte que chacun de ses jets atteindra au moins le milieu de chaque bande, qui, on se le rappelle, a 10 mètres de largeur.

Ces premiers jets produiront au milieu des bandes les 66 centimètres nécessaires à l'exhaussement. Quand l'ouvrier travaillera et descendra dans le fossé, ses jets se feront à une distance moindre et qui diminuera à mesure que le fossé se creusera; de sorte qu'à la fin et lorsqu'il arrivera au fond il n'aura plus qu'à envoyer la terre en l'air sur le bord du fossé, où se poseront ensuite les gazons pour en achever le talus.

Le travail fait et la terre ainsi enlevée

de ce premier fossé, la moitié de la bande de droite et la moitié de la bande de gauche vont se trouver couvertes de 66 centimètres de terre dans la partie qui joint le fossé séparatif de ces deux bandes. Pour couvrir de la même manière l'autre moitié de chacune de ces bandes, on ouvrira un pareil fossé de l'autre côté de la bande de droite et un semblable fossé de l'autre côté de la bande de gauche.

En recommençant dans ces nouveaux fossés le même travail que dans le premier, on comprend que les nouveaux jets de terre rejoindront au milieu des bandes ceux qui sont provenus du premier fossé, et que la terre ainsi jetée aura fait, sans brouette ni tombereau, un trajet d'environ 12 mètres et couvrira les 10 mètres de chaque bande (1).

Les 5 mètres de chaque fossé auront fourni en quantité suffisante la terre nécessaire à l'exhaussement de 66 centimètres que l'on voulait obtenir, sans autre main d'œuvre que celle qui ordinairement a lieu pour creuser des fossés.

(1) Quoique la bande n'ait que 10 mètres de large et que la moitié à couvrir ne soit dès lors que de 5 mètres, la largeur de la moitié du fossé doit s'ajouter à la première pour calculer la distance.

Quoique le travail dont nous venons de parler ne puisse se faire que lorsque les eaux sont basses, on conçoit que dans les plaines qui nous occupent, il y aura toujours à s'en garantir. Pour cela, on laissera subsister, à 10 mètres de distance du commencement de chaque fossé, une dame de toute la largeur du fossé et de 33 centimètres d'épaisseur.

On en établira une pareille à 10 mètres de distance de la première, et ainsi de suite. La première dame retiendra l'eau qui égouttera dans les 10 premiers mètres du fossé qui seront terminés, pendant qu'on travaillera dans le second compartiment, et ainsi de suite.

Pour travailler dans le premier compartiment sans que l'eau puisse nuire, voici ce que l'on fera : Dès que l'on aura enlevé de la terre de la profondeur de la bèche, on pratiquera à une rive du fossé une petite rigole large et profonde de 16 centimètres. On renouvellera cette rigole toutes les fois qu'on aura fait une autre et pareille levée de terre. Ces rigoles successives serviront à conduire l'eau, qui égouttera dans le travail, à un trou que l'on aura creusé au bout de ce premier compartiment. On placera dans ce trou une petite pompe portative qu'un enfant peut faire jouer et qui enverra l'eau, au moyen d'un petit écheneau, d'abord sur la plaine pour le premier compartiment qui la joint; quant à l'eau de tous les autres compartiments, elle sera envoyée successivement dans le compartiment précédent qui sera achevé. A mesure que l'on creuse le fossé, on creuse aussi le trou où se place la petite pompe, et le fond de ce trou devra être un peu au-dessous du travail, pour y recevoir l'eau.

Quand le premier compartiment sera terminé, on enlèvera la pompe, que l'on placera dans le trou pratiqué de la même manière à la suite du second compartiment, à l'égard duquel on renouvellera le même travail.

On aura le soin, lorsque le second compartiment sera achevé, de faire un trou profond de 33 centimètres, d'une largeur de 1 mètre 36 centimètres et de la longueur de la dame qui était entre le premier et le second compartiment. On la logera dans ce trou en la renversant.

Après l'achèvement des travaux, l'eau des fossés restera continuellement au niveau de l'ancienne surface et même un peu au-dessous, à 83 centimètres environ de la surface des bandes exhaussées.

On aura le soin de planter sur les bords des fossés des osiers à la distance d'un mètre les uns des autres pour consolider ces bords.

Il ne doit guère entrer, sur les deux tiers d'un hectare exhaussé de 66 centimètres par les moyens que nous avons décrits, que 3,000 mètres cubes de terre, en tenant compte du cinquième environ de gonflement qui se produit dans le terrain remué et qui subsiste pendant tout le temps que le fonds est en culture.

La main d'œuvre de ces 3,000 mètres, à 30 centimes, prix moyen que l'on donne du mètre cube pour creuser de grands fossés, ne coûterait pas beaucoup plus de 900 fr. pour ces 3,000 mètres ou par hectare.

Considérons maintenant les avantages qui résulteraient d'une telle amélioration :

Les plaines dont nous parlons ne produisent, le plus souvent, que des joncs ou autres mauvaises herbes aquatiques tout au plus propres à faire de la litière. Le revenu n'en excède pas, généralement, 15 fr. par hectare, ce qui représente un capital de 300 fr. Ce n'est pas à dire , cependant que ces plaines ne renferment aucun principe fertilisant; elles ont, au contraire, dans leur sein beaucoup d'engrais provenant d'alluvions, plusieurs couches de racines pourries, en un mot, une très-grande quantité de substances végétales : l'humidité seule les empêchait de produire.

Lorsqu'elles seront bien assainies et bien préparées, on pourra en faire d'excellentes luzernières, qui dispensent de la culture et qui produiront un grand revenu (1). On devra, pour cela, y semer la première année une avoine; du reste, ces plaines assainies produiront en abondance d'autres recoltes.

Non-seulement le revenu de ces fonds sera infiniment supérieur à celui qu'on en obtenait avant l'amélioration, et sans qu'il soit besoin de les fumer ; mais les

(1) Et qu'on n'objecte pas que la luzerne ne se plaît point dans les terrains humides : d'abord, lorsque l'assainissement aura eu lieu , le fonds ne sera pas plus humide que tout autre. Il aura 66 centimètres de profondeur parfaitement sains. L'eau qui pourra exister au-dessous ne sera point nuisible à la plante ; elle lui sera même favorable dans les temps de sécheresse.

simples produits accessoires le dépasseront de beaucoup. Ne pourrait-on pas, en effet, empoissonner les fossés d'assainissement? Les osiers que l'on plantera sur les bords de ces fossés ne seront-ils pas, seuls aussi, plus productifs que les joncs ?

Pour la desserte, on fera un chemin à voitures de 4 mètres de large, qui traversera toutes les bandes, en faisant un rond-point pour éviter la rencontre des voitures.

On pourra aussi établir, sur les fossés, des ponts en plateaux de 33 centimètres de largeur, pour communiquer d'une bande à l'autre.

N'est-il pas permis de penser qu'après l'exécution des travaux dont nous venons de parler il y aurait beaucoup moins à craindre pour la salubrité publique?

Ne serait-ce pas là, par la suite, une source féconde de nouveaux impôts?

Mais nous nous arrêtons. Qu'il nous suffise d'avoir fait connaître un procédé très-simple, très-praticable, et dont l'application peut conduire à d'immenses résultats.

CHAPITRE X.

De la restriction à apporter dans la possession et dans la culture des terres en céréales.

Nous voici arrivés au quatrième et dernier point de nos observations. Peut-être eussions-nous dû commencer par les explications qui font l'objet de ce chapitre. Mais nous avons craint de ne pas être compris. Il sera plus facile, après avoir pris connaissance des développements auxquels nous nous sommes livré dans les chapitres précédents, d'apprécier et de reconnaître l'exactitude de ce que nous allons dire en quelques mots.

Un fermier ambitionne presque toujours le domaine qui lui offre la plus grande étendue de terres. Qu'il ait à choisir, par exemple, entre deux fermes contenant l'une 60 hectares et l'autre 30 de mêmes nature et qualité : il ne mesure point ses forces ; c'est la plus grande qu'il envie et qu'il amodie. Un propriétaire, en général, cherche à étendre son domaine le plus qu'il peut.

Mais ce calcul est évidemment mauvais.

Quand le fermier ou le propriétaire ont ainsi une grande étendue de terres, ils n'obtiennent jamais, par leur culture, de bien grands profits. L'expérience le prouve tous les jours. Le propriétaire ne parvient pas du tout à augmenter l'intérêt de son capital. Il aurait bien mieux agi, souvent, en conservant la partie de ce capital qu'il a employée en de nouvelles acquisitions, pour améliorer les propriétés qu'il possédait déjà. N'a-t-il pas presque toujours dans son domaine de mauvaises terres dont il pourrait changer la nature, comme nous l'avons indiqué, des assainissements à faire, etc.?

Le fermier et le propriétaire n'auraient-ils pas tout avantage à convertir en prairies naturelles ou artificielles une partie de leurs terres pour pouvoir, au moyen d'engrais abondants, fertiliser l'autre partie, qui produirait avec beaucoup moins de peines et de dépenses une bien plus grande quantité de céréales et autres denrées?

Nous le disons avec la plus intime conviction : les fermiers ou propriétaires qui

recherchent l'étendue au lieu de restrein-
dre la culture en céréales, en faisant,
par les moyens que nous avons expliqués,
des améliorations, ne comprennent aucunement ce qu'il y a de plus favorable à
leurs intérèts, et courent souvent le risque
de diminuer leur fortune au lieu de l'augmenter.

Si on restreignait l'étendue des terres
en culture, si on défonçait et fumait,
comme nous l'avons dit, si on procédait
économiquement aux travaux d'assainissement dans tous les endroits où ils sont
nécessaires, non-seulement on verrait
prospérer les fortunes des particuliers,
mais la société ne tarderait pas à profiter
de l'augmentation des produits et de l'a-
bondance qui résulteraient de ces travaux.

APPENDICE.

—

OBSERVATIONS DIVERSES.

Nous avons cru devoir mettre en appendice différentes observations qui ne pouvaient trouver place dans le cours de notre travail, ou qui, du moins, auraient peut-être embarrassé les développements auxquels nous nous sommes livré sur les quatre points qui en forment le sujet principal.

I

Destruction des mauvaises herbes ou des plantes vivaces.

Depuis qu'on a l'usage de semer des tréfles, les blés qui viennent dans les fonds où il en a été semé ressemblent pour ainsi dire à des prés. La terre s'épuise presque autant que si elle produisait le double de ce qu'elle rend. La plante et la racine du trèfle enterrées la dernière année servent bien d'engrais ; mais cela ne compense pas l'épuisement qui résulte des mauvaises herbes. En sarclant des pommes de terre ou des plantes fourragères, comme on le fait ordinairement, à l'aide d'un piochon qui gratte la terre de 4 à 6 centimètres de profondeur à peine, on ne détruit presque rien. Les herbes, ainsi cultivées et rechaussées en grande partie, ne manquent pas de se renouveler et souvent même de se multiplier. Il n'y a guère d'autre moyen pour s'en débarrasser, quand on s'est laissé envahir par elles, que de cultiver la terre de 33 centimètres au moins, comme nous l'avons expliqué ailleurs. Les herbes enfouies à cette profondeur ne reparaîtront plus.

Nous conseillons ce moyen de destruction surtout dans les terres qu'il est nécessaire de défoncer, ainsi que nous l'avons enseigné dans notre chapitre Ier, car ce travail ne nécessitera alors aucune dépense nouvelle ; mais on peut aussi en user dans les autres terres qui n'ont le plus souvent que de 8 à 10 centimètres en culture. En les défonçant de 33 centimètres, on est bien certain de retrouver dans l'excédant de récoltes que l'on obtiendra par la suite de quoi compenser largement la dépense que l'on aura faite ; nous ne saurions trop le répéter.

Il y a un grand nombre de plantes dont les racines pénètrent à une grande profondeur, comme, par exemple, le chiendent, la fougère, la ronce. On pourrait employer, pour détruire le chiendent, le moyen que nous venons d'indiquer.

Quant à la fougère et la ronce, ce procédé seul ne suffirait point. On devra bien défoncer la terre de 33 centimètres, et l'améliorer selon notre système ; mais il faudra, pour arriver à la destruction complète de ces plantes, que la terre soit en outre ensemencée et rapporte pendant trois années *consécutives*.

Si on a le soin de ne laisser aucun intervalle entre les trois récoltes, les fougères et les ronces disparaîtront complètement.

Il en est de ces plantes comme d'un arbre que l'on rase par le pied : le tronc pousse des rejets. On les casse à la fin de l'année ; il en renaît de nouveaux l'année suivante, mais moins vigoureux. On les casse avec le même soin à la même époque ; on en voit la troisième année de très-petits et en moins grand nombre. On les brise encore ; mais à la quatrième année il n'en reparaît plus. La sève n'est plus attirée au dehors ; elle est refoulée au dedans, et au bout de trois ans la racine a complètement péri.

Si cependant on cessait de cultiver la terre pendant quelques années, il pourrait bien arriver que la fougère reparût.

II

Emplacement des fumiers.

Les quatre faces latérales et la surface d'un tas de fumier restent ordinairement sèches et ne fermentent pas comme l'intérieur. La paille contient une grande quantité de mauvaises graines, qui se reproduisent dans les fonds avec le fumier qu'on y porte.

On ne peut éviter ce grave inconvénient qu'en faisant son tas de fumier dans une espèce d'encaissement formé par quatre petits murs de 1 mètre 33 centimètres de hauteur avec une ouverture du côté de l'écurie, en laissant quelques trous au pied de ces murs pour le suintement du

fumier. On sépare en deux cet encaissement, au moyen d'un autre petit mur,
afin de former d'abord un premier tas,
puis un second.

Tout le fumier qui aura touché aux
quatre faces des murs aura fermenté
comme celui de l'intérieur. Il ne restera
que 11 à 16 centimètres à la superficie du
tas qui seront secs, et qu'on enlèvera
lorsque le tas sera fini, pour les jeter dans
le second compartiment de l'encaissement.

Avec cette simple précaution, les graines du fumier pourriront, et on ne verra
plus de mauvaises herbes dans les fonds,
si on a le soin de ne semer que du blé
bien criblé et nettoyé.

III

Inconvénient de cultiver la terre quand elle est mouillée.

Rien n'est plus important que de labourer la terre par le beau temps. Il est,
au contraire, fort désavantageux de la cultiver lorsqu'elle est mouillée. On sait dans
quel état se trouve un terrain qui a été
labouré pendant la pluie ou lorsqu'il était

mouillé : au lieu de rester ameubli, il se convertit en de nombreuses mottes excessivement nuisibles. Qu'on veuille bien nous permettre une comparaison : voici un tas de terre préparée pour faire du mortier; si on y jette de l'eau sans remuer la terre, cette eau la traversera et descendra insensiblement, de telle sorte que la terre restera pour ainsi dire dans son premier état. Lorsqu'elle sera sèche on pourra la remuer tant que l'on voudra; ce n'est qu'en la remuant pendant qu'elle est mouillée qu'on en fera du mortier. Or, il en est de même pour la terre en culture. Il faut donc bien se garder de la cultiver quand elle est tout imprégnée d'eau. On a ensuite bien de la peine pour la remettre en bon état.

On comprend dès lors combien, dans une exploitation, il est nécessaire de tenir en réserve un certain nombre de charrues et d'accoutumer au joug les vaches à lait, ainsi que nous l'avons dit ailleurs, afin de pouvoir labourer et cultiver par un temps convenable.

IV

De la charrue sans avant-train. — Réponse d'un mécanicien. — Observation sur l'emploi d'une charrue.

J'ai entendu bien des personnes qui
croyaient, comme je le pensais moi-
même, que l'avant-train, en rendant le
mouvement de la charrue plus régulier
et en le forçant à décrire une droite ligne
tant verticale qu'horizontale, devait rendre le tirage moins pénible que celui de
la charrue sans avant-train. J'ai consulté
sur ce point un mécanicien fort capable.
J'insère ici textuellement la réponse qu'il
me fit :

« D'abord, il ne faut pas croire que
« c'est le poids de l'avant-train qui occa-
« sionne un plus fort tirage ; ce poids se-
« rait presque insignifiant sur un terrain
« plat et ayant plus ou moins de bosses
« ou de rugosités, si l'avant-train n'avait,
« comme une voiture, qu'à supporter un
« fardeau quelconque. Les roues de la
« voiture, en effet, lorsqu'elles rencon-
« trent une petite éminence, récupèrent,
« en retombant, la force employée pour y

« monter. Il y a une espèce de compen-
« sation.

« Mais ce qui nécessite pour la charrue
« d'avant-train beaucoup plus de force
« que pour celle qui n'en a point, c'est
« que la pointe du soc ne faisant, pour
« ainsi dire, qu'une pièce avec la haie de
« la charrue qui pose sur un chevalet
« et ne formant aussi qu'une pièce avec
« tout le reste de la charrue, ne peut des-
« cendre d'un millimètre plus bas que le
« chevalet lui-même. Or, quand les
« roues (1) rencontrent une hauteur, ce
« qui arrive à tous les 12 ou 16 centi-
« mètres du trajet, plus ou moins, la
« pointe du soc et le soc lui-même sont
« forcés d'obéir à ce mouvement d'ascen-
« sion, souvent au moment où la pointe
« est engagée dans une partie très-dure,
« sous une pierre ou une racine qui em-
« pêchent cette pointe de monter. Cette ré-
« sistance, toujours très-forte, se présente
« fréquemment, et ne peut être vaincue
« que par la force du bétail. Il faut que
« ce soit la partie dure, la pierre ou la
« racine qui cèdent, car les roues, en

____

(1) Ou l'une des roues.

« montant sur la bosse ou la hauteur, ne
« peuvent pas s'enfoncer pour céder à la
« résistance de la pointe. Mais on conçoit
« alors combien il faut de tirage.

« La charrue sans avant-train, au con-
« traire, a la pointe du soc libre, de sorte
« que quand cette pointe ne peut sortir
« de la partie dure où elle est engagée,
« nulle résistance ne l'empêche de passer
« à travers cette partie qu'elle a enta-
« mée, car la haie de la charrue ne po-
« sant pas sur un chevalet, force un peu
« la chaîne du régulateur, qui lui permet
« de dévier verticalement ou horizontale-
« ment, et dès que l'objet qui présentait
« de la résistance est franchi, après 12
« ou 16 centimètres de trajet, le régula-
« teur force la haie à reprendre sa direc-
« tion. La force du tirage de la charrue
« avec avant-train provient donc, il n'en
« faut pas douter, de la fixité du soc,
« qui occasionne la résistance existant
« souvent, comme je vous l'ai dit, à tous
« les 12 ou 16 centimètres du trajet. »

Il importe donc de se servir de la charrue sans avant-train.

Voici un genre de charrue qui ne nécessite pas une grande force et dont je ne

parlerais pas, connaissant tous les perfectionnements apportés dans les instruments aratoires, si je n'en avais pas apprécié par moi-même les bons effets. C'est tout simplement une charrue à la Dombasle, mais de 5 centimètres plus étroite que celle que l'on fabrique pour deux bêtes. Elle présente dans la raie une surface moindre de 5 centimètres. La raie a par conséquent 5 centimètres de moins en largeur. La culture est aussi bonne que celle qui est faite avec la Dombasle ordinaire; mais on est vraiment surpris du peu de force qu'il faut employer avec la charrue dont nous parlons. Dans certaines contrées où elle est en usage, les habitants de la campagne l'appellent *la charrue à l'âne*, voulant exprimer, par cette expression, que cet instrument ne donne lieu presque à aucun tirage.

V

Suppression des pentes trop rapides pour la culture.

Il existe beaucoup de terrains qui ont une pente tellement rapide, que la surface cultivée et les engrais en sont souvent entraînés par les eaux des grandes pluies. J'ai vu un grand nombre de ces terrains en pente laissés sans culture, quoique le sol en soit bon dessus et dessous. On pourrait, s'ils n'avaient pas une aussi grande pente, et lorsqu'ils ne renferment pas de massifs de rochers, les convertir en excellentes terres cultivables ; il faudrait qu'ils n'eussent qu'une pente douce et nécessaire pour l'égout des eaux.

Il ne s'agirait alors que de les assainir par le procédé que nous avons indiqué dans le § 1ᵉʳ de notre chapitre sur l'assainissement, et de les améliorer par le moyen décrit dans le chapitre Iᵉʳ de cet ouvrage.

Mais comment réduire la pente de manière que la surface cultivée ne soit plus entraînée par les eaux?

Observons que la pente de ces terres serait excessive si, dans 16 mètres de largeur, elle se trouvait être de 2 mètres. Il n'arrivera pas souvent qu'elle soit plus forte. C'est donc, au maximum, cette proportion qui nous servira de base.

Si nous parvenons sans beaucoup de main d'œuvre et de dépense à supprimer la moitié de cette pente, nous croyons qu'un problème important sera résolu.

Il importe d'abord de constater la pente existant dans une bande de 16 mètres de large, en commençant par le bas de la pièce (1); dès que la pente en sera constatée, il s'agira de la réduire de moitié. Si, par exemple, elle se trouve de 2 mètres par 16, elle ne sera plus que de 1 mètre si on abaisse de 50 centimètres la rive supérieure de la bande, et si on élève dans la même proportion la rive inférieure de cette même bande.

Or, on plante un rang de piquets à 1 mètre de distance les uns des autres, au bas de la première bande qui est tracée, et en commençant par le bas de la pièce. Ces piquets ont 83 centimètres de long et 6 centimètres de diamètre ; on les fiche en terre à 33 centimètres de profondeur : il reste par conséquent 50 centimètres dehors. On les enlace de fascines grosses comme le doigt ; ensuite l'ouvrier bêche, en se tenant à 3 mètres de distance de cette espèce de palissade et en tournant le dos à la pente.

(1) Tout géomètre, charpentier ou maçon trouvera cette pente au moyen du niveau, de bas en haut de cette bande.

Il n'enfonce sa bêche que de 8 à 10 centimètres en commençant : il envoie la terre près de la palissade ; quand elle est comblée, il jette la terre moins loin, toujours en montant et en enfonçant de plus en plus la bêche à mesure qu'il monte, de manière à avoir partout également 33 centimètres de profondeur de guéret. Il ne fera ses jets que dans les places indiquées par les jalons, afin de tenir la surface régulière, conformément au cordeau ou aux jalons qui ont fixé la pente.

On conçoit que lorsque l'ouvrier atteindra la rive supérieure de la bande, il devra se trouver un contre-bas de 50 centimètres (1) ; dès lors, le terrain où la seconde bande doit se faire présentera une élévation de 50 centimètres au-dessus de ce contre-bas. C'est près de cette espèce d'escalier que l'on plantera, en les enlaçant de fascines, un second rang de piquets ayant non plus 83 centimètres, comme ceux de la première palissade, mais 1 mètre 33 centimètres, dont 33 cen-

______

(1) Un second coup de bêche de 33 centimètres de profondeur sera plus tard nécessaire pour que cette partie soit en culture comme le reste.

timètres seront fichés en terre et le reste sera dehors. Le contre-bas ayant en effet 50 centimètres et la terre qu'on jettera au-devant de la seconde palissade ayant aussi 50 centimètres, cela fera bien 1 mètre en total, qui sera supprimé de la pente de 2 mètres. On laissera près de cette seconde palissade 16 centimètres de terrain, aux-quels on ne touchera pas, pour la solidité des piquets, et on continuera de travailler dans le surplus de cette bande comme nous l'avons indiqué pour la première.

Quand on sera à la dernière bande de la pièce, il faudra laisser à la rive supé-rieure de cette bande 66 centimètres de large intacts, que l'on abattra seulement en forme de talus, pour éviter les écrou-lements du terrain voisin.

Au lieu de palissades, on pourrait faire de petits murs secs. Mais ces murs seraient plus coûteux que les palissades. D'ailleurs, après un laps d'un an ou de deux, la terre s'introduira dans les fasci-nes, et une fois que les herbes s'y seront enracinées, il se formera un talus assez solide.

Pour permettre aux voitures d'entrer par le bout des bandes, on fera à l'extrémité de chacune d'elles un remblai en pente douce, afin de diminuer le contre-bas, qui est de 50 centimètres. Une charrue attelée de deux bœufs tournera facilement aux extrémités des bandes.

On évitera d'envoyer par le déversoir la terre dans le bas, afin de conserver la pente telle qu'elle aura été établie.

Ces explications données, on comprend avec quelle économie de main d'œuvre et avec quelle faible dépense on peut parvenir à supprimer des pentes si nuisibles à la culture et à la production. Une fois le travail terminé, on aura partout 33 centimètres de profondeur. Les 3 mètres que l'ouvrier laisse dans chaque bande entre l'endroit où il commence à bêcher et la palissade seront couverts de 33 centimètres de terre. Il y aura même 50 centimètres de plus près de la palissade, sans autre dépense que celle qui est nécessaire ordinairement pour défoncer.

On a bien établi quelque part des gradins destinés à obvier à l'inconvénient des pentes, mais sans combinaisons économiques résultant de la manière d'opérer et des proportions données à la largeur des bandes. Les frais occasionnés

par l'opération et les transports de terres
ont été énormes. J'ai vu, dans des travaux
de ce genre, le terrain mis à plat, c'est-à-
dire aussi élevé d'un côté que de l'autre,
et même quelquefois plus élevé à la rive
inférieure qu'à la rive supérieure des bandes. On n'avait aucunement ménagé la
pente.

VI

Pente à donner aux prairies plates. — Mode d'irri-
gation (1).

On voit souvent des prairies d'une
grande étendue qui s'arrosent facilement
et qui, sans être des plaines marécageuses,
produisent des foins dans lesquels se trouvent des joncs et autres mauvaises herbes,
parce que les eaux d'irrigation y séjour-
nent faute de pente suffisante.

Lorsqu'il y a, ainsi que cela arrive fréquemment, un ruisseau en tête d'une
semblable plaine (2), il est facile d'empêcher la stagnation des eaux d'irrigation

____

(1) Voyez la planche ci-après.
(2) Ce que nous allons dire s'appliquera également à
la terre que l'on voudrait convertir en pré, et qui se trouverait dans les mêmes conditions.

en donnant à toute la plaine la pente nécessaire à leur écoulement, sans faire une grande dépense et par les moyens suivants :

On commence par élever les bords du ruisseau qui amène l'eau à la tête de la plaine, de 33 centimètres au-dessus du sol, en faisant une petite digue de 33 centimètres de haut et de 33 centimètres de large dans le dessus, non compris le talus.

On ouvre à la rive de la plaine un premier fossé de 1 mètre 33 centimètres de largeur et de 1 mètre de profondeur, et s'étendant depuis le ruisseau jusqu'à l'autre bout de la plaine. On ouvre un pareil fossé parallèle au premier et à la distance de 26 mètres de celui-ci, et ainsi de suite dans toute la plaine. Au milieu de chacune des bandes de 26 mètres de large qui se trouvent entre ces fossés parallèles, on établit une rigole de 33 centimètres de largeur, de 18 à 20 centimètres de profondeur dans la même direction que les fossés, et communiquant avec le ruisseau, de telle sorte que chaque bande est divisée par chaque rigole en deux parties de 13 mètres chacune. On donne à chacune de ces parties de 13 mètres une pente ou inclinaison de 33 centimètres, mais en sens inverse l'une de l'autre, c'est-à-dire que la partie qui est à droite de la rigole a son plan incliné vers le fossé de droite, et celle qui est à gauche a son plan incliné vers le fossé de gauche. Pour former cette double inclinaison, depuis le milieu de la bande de 26 mètres jusqu'à chaque fossé parallèle, on jette la terre provenant de chaque fossé moitié à droite, moitié à gauche du fossé, dans les places indiquées par les jalons. Ces jets se font avec la pelle (1).

Voyons maintenant quel est le mécanisme ou le jeu de ce simple travail :

La digue que l'on a élevée de chaque côté du ruisseau a non-seulement pour but d'empêcher l'eau de se répandre sur le fonds voisin, mais, en outre, de la faire monter à la hauteur des rigoles, et, pour cela, on établit, immédiatement après l'embouchure de chaque rigole, un petit empellement qui ne se ferme pas entièrement et qui fait refluer l'eau dans la rigole. Cette rigole distribue l'eau dans

(1) On conduit à la brouette la terre qui ne peut être envoyée au moyen de la pelle, c'est-à-dire au-delà de 6 à 7 mètres.

chaque bande de 26 mètres, en en laissant épancher et sur l'inclinaison de 13 mètres de droite et sur l'inclinaison de 13 mètres de gauche, au moyen de petites ouvertures ou saignées pratiquées de distance en distance dans la rigole.

Comme l'irrigation ne doit se faire, selon moi, que pendant 24 heures et tous les dix jours, on aura le soin, lorsqu'elle aura eu lieu, de fermer l'embouchure des rigoles et les petites ouvertures dont nous venons de parler, au moyen d'un simple gazon qu'on enlèvera chaque fois que l'on recommencera l'irrigation. Au moyen des empellements placés dans le ruisseau et des gazons, il sera facile de régler la quantité d'eau nécessaire pour l'irrigation de chaque bande de 26 mètres.

Cette eau viendra tomber dans chaque fossé d'égout parallèle. Pour peu qu'il y ait de pente depuis le ruisseau jusqu'à l'autre bout de la plaine, l'eau s'écoulera facilement dans les fossés d'égout; et lors même qu'il n'y aurait aucune pente, elle baissera sensiblement par suite de l'évaporation, lorsque les irrigations auront cessé.

Si on ne laisse pas le bétail paître par

les temps de pluie ou d'humidité, et si on a la précaution de supprimer l'eau pendant l'hiver, la qualité et la quantité de foin seront bientôt augmentées dans les prairies où on aura fait le travail que nous venons de décrire, et qui ne nécessite certainement pas une grande dépense ni beaucoup de main d'œuvre (1). Il y a en effet très-peu de terrain à déplacer. La terre des rigoles se jette sur le bord de ces rigoles, et celle des fossés d'égout suffit pour produire la double pente ou inclinaison en sens inverse des bandes de 26 mètres entre les fossés d'égout.

Sans doute, on doit laisser beaucoup à faire au discernement des cultivateurs quand il s'agit d'irrigations. Mais j'ai été vraiment étonné en parcourant certaines contrées de la France, lorsque j'ai vu de grandes étendues de prés qui se trouvaient dans les conditions dont j'ai parlé en commençant et qui pourraient, par le simple procédé que je viens d'indiquer, produire des fourrages en meilleure qualité et en plus grande abondance.

(1) En semant toute espèce de graines telles que trèfle jaune, etc., avec la graine de foin, on ne perdra pas même entièrement une première année de récolte.

VII

Simples conseils adressés aux propriétaires de vignobles.

Bien que je ne me sois pas, dans le travail qui précède, occupé de la vigne ou de sa culture, j'ai cru nécessaire de soumettre ici quelques observations à ceux qui possèdent ce genre de propriété et qui ont toutefois une assez grande étendue de terrain pour pouvoir suivre les conseils que je vais leur donner.

Dans plusieurs contrées, les vignerons partagent par moitié avec les propriétaires. Les vignerons, on le sait, sont souvent arriérés. Ils ne recueillent que les produits de la vigne, et dès que la récolte est peu abondante ou vient à manquer, ils sont forcés d'emprunter pour acheter le blé et tous les objets nécessaires à leur nourriture et à celle de leur famille. Pour rembourser ces avances ou payer les choses qu'on leur a livrées à crédit, ils sont très-souvent obligés de travailler au dehors et de négliger les travaux de la vigne.

Un propriétaire ne doit donner qu'une

étendue assez restreinte à chaque vigneron. Un hectare dans les terrains forts,
1 hectare 40 centiares dans les terrains
légers, suffisent en y ajoutant le travail
dont je vais parler.

Le propriétaire avancera à son vigneron la somme nécessaire pour acheter
deux bonnes vaches laitières. Il lui con-
fiera 1 hectare 40 ares de terre, la moitié de bonne et l'autre moitié de médiocre
qualité. Le vigneron en donnera un prix
de fermage modéré. Il paiera également
au propriétaire l'intérêt de la somme
avancée pour l'achat des vaches dont il
aura le profit ou la perte.

Le propriétaire lui imposera la condition de ne pas aller en journée comme ma-
nouvrier. Parmi les 1 hectare 40 ares af-
fermés, il en sera choisi 34 ares de bonne
qualité pour faire une luzernière. Cette
luzernière produira le fourrage nécessaire
à la consommation des deux vaches.
Elles pourront aller paître avec le trou-
peau commun. Habituées au joug, elles
seront employées à la culture des 1 hectare 6 ares restants, et à conduire le fumier, la vendange, les autres récoltes.

Le vigneron fera 34 ares de blé et

34 ares de menus grains, seigle ou orge ; les 34 autres ares seront consacrés aux pommes de terre ou autres plantes fourragères. Dans les 68 ares bien traités, ensemencés en blé, en seigle ou en orge, il récoltera tout ce qui lui sera nécessaire, du moins en général, pour la consommation de sa maison.

Il pourra élever facilement deux porcs, l'un pour sa nourriture, l'autre pour la vente.

Il lui sera enfin permis de mettre des haricots et des citrouilles dans les plus forts terrains des vignes.

Nous croyons fermement que ces conventions seraient avantageuses et au propriétaire et au vigneron.

Non-seulement le vigneron apporterait plus de soins à son travail, mais en outre le fumier du bétail serait consacré en grande partie aux vignes (1) ; et on sait combien la production en est abondante quand elles sont fumées convenablement.

D'un autre côté, le vigneron ne tarderait pas à être dans une certaine aisance.

---

(1) Ce serait une condition très-expresse de la convention.

Il supporterait facilement les mauvaises années; il ne serait plus obligé de recourir à des emprunts ou à des crédits. Avec du travail et de l'économie, il pourrait élever sa famille et faire encore quelques épargnes pour ses vieux jours.

FIN.

NOTES.

—

A la page 13 et aux suivantes, nous avons indiqué le procédé pour convertir en bonne nature une terre de mauvaise qualité. Nous avons conseillé une mise de 16 voitures de fumier et un défoncement de 33 centimètres.

Il n'est peut-être pas inutile d'observer que si la terre que l'on veut améliorer n'était pas tout à fait de la dernière qualité, on pourrait faire une mise un peu moins forte.

Quant au *défoncement,* non-seulement il est nécessaire pour conserver en dépôt les trois lits d'engrais amenés à la surface à chaque ensemencement, comme nous l'avons expliqué; non-seulement on aura 33 centimètres de profondeur en culture, dénaturé et ameubli le sol; mais, outre la destruction complète des mauvaises herbes, si on soigne les fumiers ainsi que nous l'avons enseigné, il y aura un très-grand avantage lorsqu'une terre ainsi défoncée sera assainie.

En effet, dans un terrain, le fond qui est resté dur et non cultivé conserve l'eau. Par suite d'une grande pluie, la quantité d'eau qui séjourne ainsi augmente considérablement; si ce terrain n'a que 8 ou 11 centimètres de profondeur en culture, l'eau reste, longtemps après la pluie, tout près de la racine des plantes.

Si, au contraire, on a 33 centimètres de profondeur en culture, l'eau descend à cette distance de la surface, et est par conséquent moins nuisible, quelle que soit l'abondance provenant des pluies. C'est un point sur lequel nous ne saurions trop appeler l'attention de toutes les personnes intelligentes qui s'occupent sérieusement de la culture.

NOTE 2.

En parlant de la luzerne, nous avons rappelé, à la page 52, les craintes qui étaient inspirées à plusieurs personnes par les inconvénients qui résultent quelquefois de l'emploi de cet excellent fourrage. Nous avons ajouté qu'en observant les conseils donnés par Dombasle, on pouvait parer à tout danger.

Voici en quelques mots ce que l'on doit faire pour prévenir ou guérir la météorisation :

On peut la prévenir en donnant au bétail peu de nourriture à la fois et en y mêlant un cinquième de paille. L'animal trie le fourrage vert, qu'il préfère à la paille, et mange ainsi moins avidement. Il mastique davantage, et la digestion, par suite, est beaucoup plus facile.

Si cependant une bête enfle, si la peau des flancs est tendue comme celle d'un tambour, il faut de suite la faire sortir et marcher ; quelquefois cela seul suffit.

Si l'enflure persiste et augmente, on lui fait avaler, à l'aide d'une bouteille, 30 grammes de salpêtre en poudre délayé dans un verre d'eau-de-vie. Si on manque de salpêtre, on mettra 30 grammes de poudre à fusil.

Quand ce remède administré trop tard ne réussit pas, ce qui est assez rare, on se hâte de percer la panse de l'animal dans le flanc gauche à deux ou trois doigts des fausses côtes. Dans l'endroit que l'on a percé on place un tuyau gros comme le petit doigt, soit en ferblanc, soit en sureau, et de 16 centimètres de long. Le gaz qui occasionnait l'enflure s'échappe par ce tuyau.

On doit dans toute maison d'exploitation être muni des objets nécessaires pour faire ce traitement, le cas échéant.

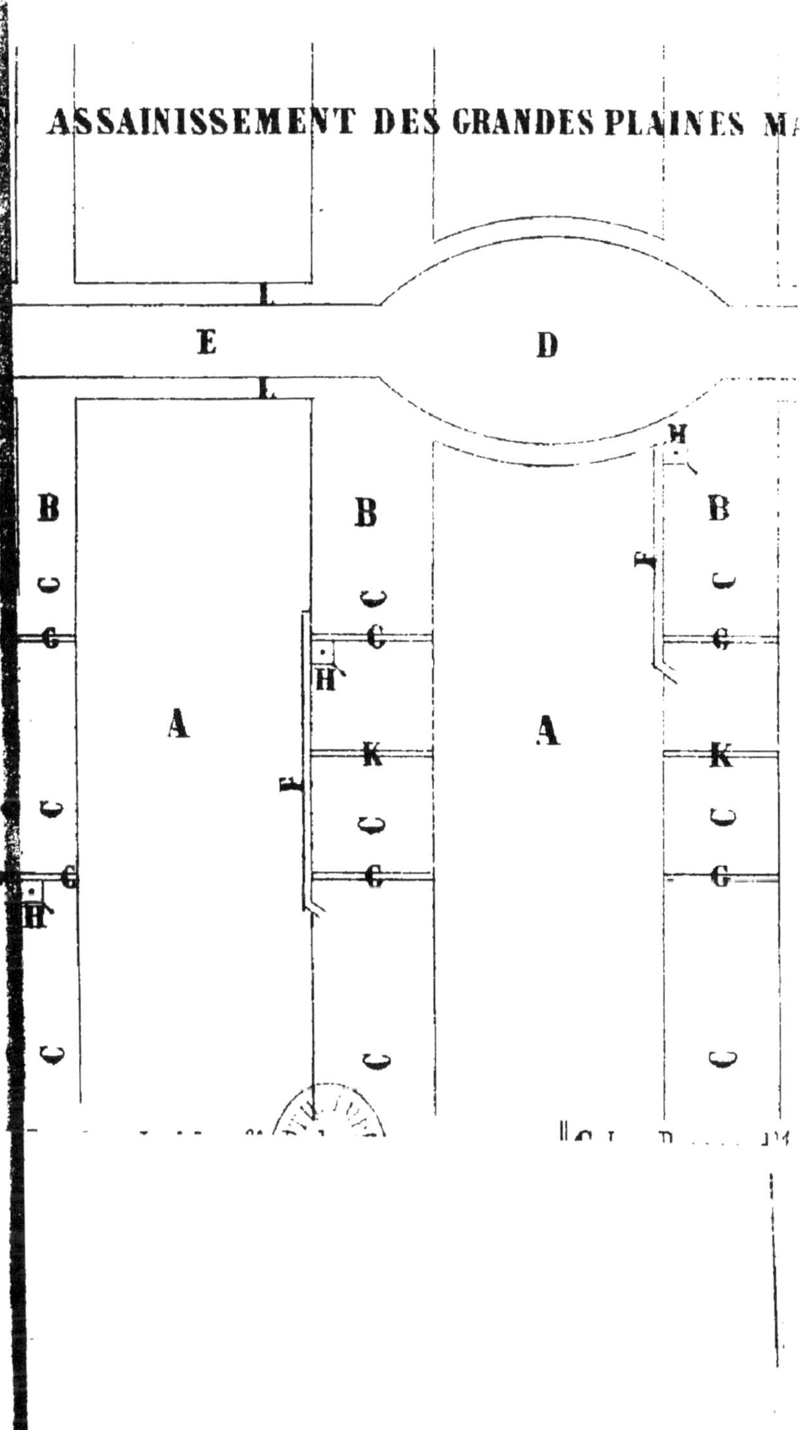

ASSAINISSEMENT DES GRANDES PLAINES M
E
D
B
C
C
C
A
H
K
C
C
F
H
B
C
C
K
C
C
B
F
H
C
A
C

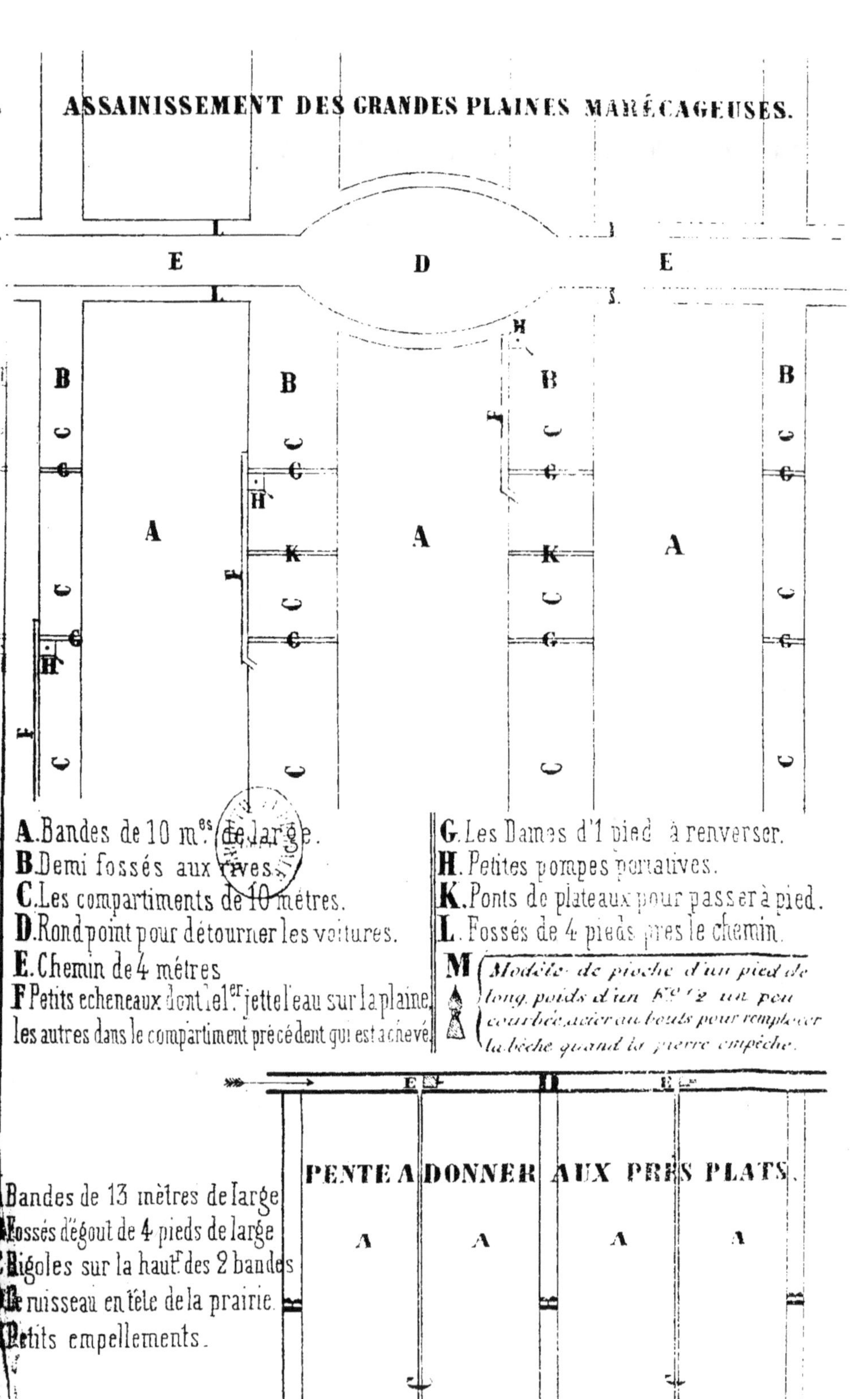

ASSAINISSEMENT DES GRANDES PLAINES MARÉCAGEUSES.
E
D
E
B
C
A
K
H
F
G
L
A. Bandes de 10 mes. de large.
B. Demi fossés aux rives.
C. Les compartiments de 10 mètres.
D. Rond point pour détourner les voitures.
E. Chemin de 4 mètres
F. Petits echeneaux dont le 1er jette l'eau sur la plaine, les autres dans le compartiment précédent qui est achevé.
G. Les Dames d'1 pied à renverser.
H. Petites pompes portatives.
K. Ponts de plateaux pour passer à pied.
L. Fossés de 4 pieds près le chemin.
M. Modèle de pioche d'un pied de long, poids d'un k° 1/2 un peu courbée, acier au bouts pour remplacer la bêche quand la pierre empêche.
PENTE A DONNER AUX PRÉS PLATS.
Bandes de 13 mètres de large
Fossés d'égout de 4 pieds de large
Rigoles sur la haut. des 2 bandes
Le ruisseau en tête de la prairie.
Petits empellements.
A   A   A   A
B   B   B
E   D   E

TABLE DES MATIÈRES.

FIN DE LA TABLE DES MATIERES.

TABLE

ALPHABÉTIQUE ET ANALYTIQUE

des matières.

(Le chiffre indique la page.)

A

B

C

D

E

F

G

H

I

J

L

M

P

FIN DE LA TABLE ALPHABÉTIQUE.

Extrait du Catalogue de la Librairie centrale d'Agriculture et de Jardinage.

Agriculteur praticien (L'), *Revue de l'agriculture française et étrangère*, 3ᵉ année. Prix de l'abonnement (1).   **6 fr.**
La 1ʳᵉ et la 2ᵉ année, ensemble.   **10 fr.**
Chaque année séparément.   **6 fr.**

Abeilles (De l'éducation des) ou *Apiculture*, par P. Joigneaux. 1 vol. in 18.   **1 fr. 25 c.**

Amendements et Prairies, *Traité populaire extrait des œuvres* de Jacques Bujault. 1 vol. in-18.   **60 c.**

Bétail en ferme (Du), extrait des œuvres de Jacques Bujault. 1 vol. in-18.   **60 c.**

Chimie agricole (Traité de) à la portée de tous les cultivateurs, par P. Joigneaux. 1 vol in-18.   **2 fr. 25 c.**

Cultures dérobées (Des) comme fourrages et engrais verts en général, et de la culture de la *Moutarde blanche* en particulier, trad. de l'anglais et annoté par J.-A. G. 1 vol. in-18 avec fig. **75 c.**

Engrais (Des) en général et spécialement de la manière de traiter les fumiers et le purin pour en conserver toute la valeur fertilisante, suivi de la manière de traiter les matières fécales, par M. Greff. In-8°.   **40 c.**

Engrais (Des) ou l'Art d'améliorer les plus mauvaises terres par les amendements et les engrais de toute nature, par Ducoin. In-18.   **1 fr. 25 c.**

Irrigation (Manuel d'), par Deby. In-18, 100 fig.   **1 fr. 50 c.**

Irrigations (Petit traité des), par James Donald, traduit par A. de Frarière. In-18 avec fig.   **50 c.**

Laiterie (La), suivi de la fabrication des fromages, par A. de Thier. 1 vol. in-18 avec fig.   **75 c.**

Lapin domestique (Traité pratique de l'éducation du), par F.-Alexis Espanet. 1 vol. in-18, 2ᵉ édition.   **1 fr.**

Maïs et Sorgho sucré (Alcoolisation des tiges du). Alcool. — Cidre. — Bière. — Vins artificiels. par Duret, chimᵗᵉ. In-18. **75 c.**

Maïs (Du), de sa culture et des divers emplois dont il est susceptible, par Keene et A. de Thier. In-18.   **30 c.**

Moutons (Guide de l'éleveur et de l'engraisseur de), par J.-J. Legendre, propriétaire-cultivateur. 1 vol. in-18.   **1 fr.**

Pigeons de colombier et de volière (Guide de l'éleveur de), par Mariot-Didieux. In-18.   **1 fr.**

Poules (De l'éducation des), des **dindes**, des **oies**, des **canards**, par F.-Alexis Espanet. 1 vol. in-18.   **1 fr.**

Porcs (Du traitement des) aux différentes époques de l'année, en santé et maladie, etc. Extrait des meilleurs ouvrages anglais, par J.-A. G. 1 vol. in-18 avec 30 figures dans le texte. **1 fr. 25 c.**

Topinambour (Du). Culture, alcoolisation, panification de ce tubercule, par Delbetz, cultivateur. 1 vol. in-18.   **1 fr. 25 c.**

Vers à soie (Guide de l'éleveur du), par MM. Guérin-Méneville et Eugène Robert. 1 vol. in-18 avec fig.   **75 c.**

(1) L'Agriculteur praticien paraît les 10 et 25 de chaque mois par livraisons de 24 pages, avec de nombreuses gravures dans le texte. Les abonnements commencent le 1er octobre de chaque année.

(1359) — Dijon, imprimerie Loireau-Feuchot.

www.ingramcontent.com/pod-product-compliance
Lightning Source LLC
LaVergne TN
LVHW050617060726
842527LV00004B/1089